真誠，就是你的影響力

一開口就收服人心的5個雙贏溝通準則

BOB BURG and JOHN DAVID MANN
鮑伯·柏格&約翰·大衛·曼恩——著
張郁笛——譯

U0047735

THE GO-GIVER INFLUENCER

獻給麥克與米爾納・伯格
阿弗雷德與凱洛琳・曼恩
與安娜蓋布里歐・曼恩，
他們為我們帶來的影響無所不在。

獻給世上所有四腳的毛茸茸小天使，
牠們讓人類的生命變得更為豐富美好。

各界推薦

多年來我做的口語溝通研究主題都是「影響力」，怎樣讓自己說話的影響力變強，有一個非常重要的概念，是對方如何感受到你的真誠？現代人的心靈感受能力越來越強，我們稱之心靈智慧（mindwise），有人將中文解釋成「第六感」。的確，人心越來越敏感，我們怎麼能不真誠以對呢？本書透過簡單的故事，卻讓人感受深刻。運用書中的論述與步驟，能夠改變我們的思想，思想改變我們的行為。透過這本書將讓我們的影響力擴大！

——王介安／廣播主持人、GAS口語魅力培訓創辦人

多年來講授「溝通談判」的經驗，我一向主張「學了就懂，立即上手」。

作者運用巧妙的寓言式寫法，當主角陷入談判僵局，遇見了自己的人生教練，並且逐一地學會了解決問題的五大步驟，竟然和我講授「談判三大心法」：1.先解

決心情 2.辨識情緒溫度 3.讓對方自己決定，相當雷同。

閱讀是種好習慣，假如時間有限，就先挑選「一學就上手」的書吧，本書就是最好的選擇。

——李河泉／超級職場學院・主題講師班創辦人、華人知名企業講師

跟著感覺走，真誠就對了！

說服的英文是 persuade，其中 per 有透過，貫穿的意思。溝通的目的，除了清楚地表達自己所代表的訊息，更需要說服對方。需要以「態度溫和，立場堅定」的方式打動人心，創造雙贏。

本書透過淺白易懂的故事，引導讀者了解「真誠」的重要性，顛覆傳統攻心為上，說大人先藐之的勝負談判心態。並透過呼吸、傾聽、微笑、姿態優雅、信任五種原則，在閱讀故事中，融入讀者腦海，並透過引導與問答的方式，實作於現實於工作中。值得推薦！

——黃永猛／BNSC商業談判中心主持人、知名講師

身為律師的老婆，每天都看著自己的老公為了當事人的權益在奮戰。我猜想，很多人對律師的印象並不是很正面，認為律師心中一定滿是詭計，才能夠在法庭上

跟對造廝殺，這才是一個優秀、戰績輝煌的律師。然而，正好相反，事務所裡和解的案件比例很高，而且讓兩造皆大歡喜的，卻是事務所裡看起來最沒有攻擊性的律師。我在一旁觀察，原因無他，這位律師總是展現出「我是為你好」的誠懇，所以我相信，真正的勝利，要從打開自己的心房開始。

——林靜如／律師娘

特別推薦此書給醫療界朋友，此書的智慧將是我們快樂工作的泉源。真誠影響力的五個祕密當中，最喜歡作者對第四個祕密的詮釋：「感受對方的感受，帶著惻隱之心，真誠發言。」醫者眼中，不該只有病人，更該真誠與協作者（家屬、同袍、護理師、藥師、醫學生等）對話，聆聽對方建議前，不急著拍板。咀嚼沉澱後的決定，將共創多贏。

——楊斯棓／醫師、台灣菲斯特顧問

如同這本書的書名《真誠，就是你的影響力》，作者僅僅只是說了一個好聽的故事，卻讓我們懂得溝通的真諦。沒有教條、沒有拗口的專有名詞，只有好看的情節和人物的欲求，看著主角一步步解開生活和工作中的難題，我們彷彿跟著一同學會溝通，不僅達成了目標，更贏得了關係。

——裘凱宇／溝通心理學家

身為一名企業培訓師，常與客戶做課前訪談，客戶很常提起組織內外溝通卡關、山頭林立的情況，總是讓ＨＲ夥伴有種杯水車薪的沉重感。課程能做的是模擬情境並讓學員反思，找出比過去更好的溝通模式。術易學，道難行。遇到問題時，我們是否又打回原形靠本能反應呢？如此我只能說好可惜！而本書達到溝通雙贏的五個準則可奉為圭臬，讓你從此變成「好可惜」的絕緣體！誠摯推薦本書。

——趙胤丞／振邦顧問有限公司執行長、胤嚮筆記創辦人、《拆解問題的技術》作者

不少行銷企劃書籍多半會講要利用哪些心理學技巧，來達成說服對方、獲得訂單的成果。但這本書不是要教技巧，而是「道」。

整本書講故事不說教，情節緊湊吸引我一直讀下去。讀完回頭想想就會了解，商場上的互動不見得要勾心鬥角耍招式，五個簡單的準則，讓人能同理對方並真誠表達自己，而這才是最好的溝通之道。

——蔡宇哲／台灣應用心理學會理事長、哇賽！心理學總編輯

這本書提醒我們，當今一個人影響力的大小取決給出什麼，而非獲得什麼。

——亞當・格蘭特／華頓商學院教授、《給予》作者

這是《給予的力量》系列中最重要的一本，在這個越趨兩極化的世界，這本書的問世正是時候。

——馬歇爾・葛史密斯／國際高管教練暨思想家

本書乍讀只是關於兩個陷入談判僵局角色的故事，但其真正的價值不只於此，可說是帶我們重新理解傾聽和溝通藝術的時代經典。

——大衛・巴哈／美國理財大師

本書是少數跟《卡內基教你跟誰都能做朋友》同為跨時代經典的讀本！

——亞當・羅賓森／「普林斯頓評論」公司共同創辦人

針對如何成功、有效率地進行溝通，兩位作者提供充滿智慧的建議。這部商業寓言揭示了五個關鍵，讓我們能為每一次的對話帶入附加價值，並且為所有的參與

者帶來圓滿的成果。

——莎朗．L．萊希特／「富爸爸」系列共同作者

書中運用了許多人性心理學的技巧，我很喜歡的原因是，裡面所闡述的過程都是以正面且溫暖人心的方式實行，而不是以利益為出發點去達成業務成交。

當我們願意不單只看到自己的利益時，對方也會因為看到我們的真心，願意給彼此一個合作的機會，建立起信任。彼此之間有了信任，才能進一步建立長久且忠誠的關係。

推薦給在業務推展上卡關的新人或是老手、創業人士和行銷人員閱讀。

——畫心女神／台灣讀者

看似簡單的故事，亦不見什麼大道理或談判技巧指南。透過淺顯的方式，告訴讀者如何透過「真誠」來化解歧見，達成雙贏的局面，強調「滿足別人的需要，就是成就自己的需要」。

我想，本書不該只是歸類為商業類書籍，這套理論用在人際關係上將能無往不利，讓生活更加順遂與美滿，各位看官，不妨一試。

——小建／台灣讀者

目錄

序言

很難相信距離我們首次出版的《給予的力量》上市已經是十年前了。這本書試圖將「賓達悖論」（Pindar's Paradox）傳播出去，並看看這個世界是否有興趣了解其中心思想：「給予的越多，就擁有越多。」

結果，大家還真的很有興趣。

大部分書籍在剛出版時都會引起廣大興趣，進而銷量高漲，之後逐漸歸於平靜，成為出版社所謂「再版書單」的書籍。但《給予的力量》卻反其道而行：書籍出版後幾年以來，讀者對此書的興趣不減反增，並且逐年增加。

這本書顯然觸動了讀者的心弦，常在出其不意之處打動人心。雖然一開始被定位為「商業」書籍，但我們這本「以小故事傳達強力商業概念」的書籍卻開始出現在讀書俱樂部、社區團體、牧師講道及高中教室中，也於董事會議與銷售服務訓練課程中現蹤，而位居總裁與思想領袖地位的人也紛紛從中引經據典。這本書不僅成為熱門書，更產生了「影響力」。

二〇一五年，出版商重新推出了《給予的力量》全新增訂版，加上了推薦序、自序、專為讀書會設計的討論問題與新增的評論等，封底也特別放了推薦文字（我們都很喜歡，也認為十分具有意義）。在這數條推薦語中，同時出現亞莉安娜・哈芬登（**譯註：**Arianna Huffington，**《哈芬登郵報》創辦人，該報立場被認為偏向左派社會自由主義**）與格林・貝克（**譯註：**Glenn Beck，**美國著名媒體名人、主持人及保守派政治評論家**）的評論，這兩者的評語極少出現在同頁篇幅上（通常這個譬喻是抽象的，但在這裡確實是在同一頁）。

這讓我們聯想到了你現在閱讀手中這本書的原因，以及「影響力」的真正意義與價值所在。

「影響力」的概念一直是目前為止三本「給予」系列書籍的核心。

在《給予的力量》中，容光煥發的白髮保險業務山姆・羅森向朱歐解釋了如何抓住影響力的真正核心，並作為事業的成功關鍵（雖然一般人常反其道而行）：

「如果問一般人什麼東西能創造出影響力，他們會怎麼說？」

朱歐毫不猶豫地回答：「金錢、職位，或是過去一連串的輝煌成就。」

山姆笑著點頭：「哈！你說得沒錯！他們『的確』會這樣說；但他們也完全弄

反了重點！並不是這些東西創造出影響力，而是影響力創造出了這些東西。」

他同時也解釋了影響力法則：

「你如何充分地優先考量其他人的利益，決定了你的影響力有多深遠。」

在《業績學：所有超級業務都知道這些事》一書中的第三部分，即全書的關鍵章節，則詳細解釋並延伸了這條法則的概念，以及我們如何在日常生活之中運用。

在《給予的領袖力》（The Go-Giver Leader）裡，〈影響力的本質〉這一章中，書中的導師伊莉阿姨也提到了她對影響力的定義：

「好吧，」她說，坐在椅子上急切地向前靠近了些，「『影響力』一詞的意思是『一股看不見的力量』；信不信，一開始這個詞在中古世紀出現時，被當作占星學名詞使用。這個詞源自於古法文，意思是『來自星星的一股飄渺力量，能夠影響我們的性格或命運』。你看看！十五世紀時，這個詞的詞義已經演變成『人類運用的一股個人力量』。你也可以說，這個詞敘述了我們如何運用引力影響他人，就像星星一樣。」

我們當時以為山姆、伊莉阿姨及其他章節已經完整解釋了這個詞彙，但是隨著世界不斷在前進，影響力一詞的定義也需要改變和進化。我們想像如果賓達和他的朋友生活於現在，他們會說什麼？又會想要寫下什麼？我們認為他們討論的主題正是影響力；或者更精確地說，是影響力在同理心和社會文明論述框架下，扮演著什麼樣的角色。

從本質上來說，《真誠，就是你的影響力》是一個談論如何搭起差異之間的橋樑、化解紛爭與激烈衝突的故事，並在看似無法化解的極端對立中找出彼此的共同點（沒錯，就算在商業交易協商中也能運用）。這本書也談論了需要什麼樣的特質才能成為值得他人信任的人，以及如何成為其他人尋求建議、明確判斷的指引，或在他人遭遇挑戰時，能成為給予公正智慧的對象。

換言之，就是有著真誠影響力的人。

近年來，「意見領袖」（influencer）一詞越發廣泛運用，我們也樂見其成，因為社會大眾越了解正向影響力的本質與重要性，我們的世界就會變得越好。我們相信賓達的朋友會對此有著賓達式的獨特評論，而且也希望，當你讀到故事尾聲時，也會認同他們的看法。

鮑伯．伯格與約翰．大衛．曼恩

2018年1月

1 傑克森

傑克森．希爾看起來像是等著劊子手落下鍘刀的犯人。

「你確定不喝點咖啡嗎？」櫃台的年輕女孩已經依序問過他要不要喝咖啡、飲料和水。

「沒關係，謝謝妳。」他欣賞她的活力，她放在櫃台上的名牌寫著「米拉貝爾」。太好了，傑克森心想，這正是我今天需要的：一個「奇蹟」（**譯註：「米拉貝爾」原文為** Mirabel，**與「奇蹟」原文** miracle **相近**）。

他看了一眼牆上掛鐘，現在是十一點十分。他花了三個星期才預約到這次會面，沒辦法再等待另外三個星期，現在已經到了約定的時間……而他卻還在等待。他強壓下再度確認時鐘的慾望，等了三個星期後，就算再等上十分鐘，不，十一分鐘，好像也沒關係，不是嗎？

「好……」米拉貝爾現在正對著耳機說話，「好，我請他進去。」她對傑克森笑著說：「瓦特斯小姐現在可以見你了，請沿著走廊直走到底後右轉。」

終於。

當傑克森經過米拉貝爾的桌子時，她稍稍靠前並悄聲對他說：「你一定會愛死瓦特斯小姐的，她人真的很棒！」

傑克森希望她說的是真的。

※

當傑克森坐下時，他注意到瓦特斯小姐桌上有張小女孩（大概十二歲？）的照片，她身邊蜷曲著一隻美麗的俄羅斯藍貓。女孩看著鏡頭，嚴肅的大眼睛彷彿說著：「這是我的貓，沒有人能欺負我的貓。」而優雅的藍貓也看著鏡頭，牠深幽的綠眼也在說著：「這是我的人，沒有人能欺負我的人。」

傑克森笑了，或許這次會面能夠順利進行。

「那麼，」那個女人一邊說話，一邊仍看著桌上的資料。「霍爾先生。」

「希爾。」傑克森說道，已經覺得受到冒犯。

她抬頭，「你說什麼？」

「我叫希爾——傑克森．希爾。」

「當然，希爾先生！傑克森，那麼，」她往後靠上椅背，將注意力全部放到他身上。「介紹一下你的公司。」

好戲上場。

「沒問題，我們於五年前推出首批乾燥狗糧系列產品，專為犬類設計，適合不同體型及年齡的犬類食用。之後在六個月內，我們也加入了貓食系列……」他繼續說著練習過的內容，依照時間順序敘述過去五年來，他如何將自己初創的產業發展成頗具規模的品牌。

當然，那些「我們開始」、「我們加入」等說詞，其實說的都只有他自己。傑克森在自家的狹小廚房內獨自工作，不斷熬夜並於周末加班，重複試驗、製作並調整產品，就像他公司的宗旨一樣：**只有最純粹、只有最新鮮、只有最完美**。傑克森是實打實地從廚房流理台上白手起家的。

「你真是優秀的創業家。」瓦特斯小姐說。

他在椅子上動了動，不知道該如何反應。

傑克森從未刻意成為企業家。一開始，他的目的只是想讓動物有最好的食物吃，可說是剛好必須成為企業家以達成這個目的。六年前，他在一間電器零售商從事銷售工作（他痛恨這份工作），同時為自己、老爸沃特和毛小孩索羅門做飯。後來和幾位養狗的朋友分享自製的天然狗食時，開始引起越來越多人的興趣，等到他辭去銷售工作，全心專注於發展寵物系列食品時，已經擁有超過一百名客人，並建立了良好的品牌信譽。

而這一切，都有可能在從今天算起的一周後瓦解，除非他能拿下這份合約。

不對，不是**有可能**，是這一切**將會**瓦解。

「所以你現在已經將產品銷售至……」她再次向下一瞥，手指在手上厚厚一疊資料最上方那張一路下滑，「兩個州？」

「三個，快四個了。」他補充道，卻立刻後悔。快四個了？我在幹嘛？好像小孩子舉起四根手指在炫耀「你看有這麼多喔！」你現在是個生意人了，傑克，就像沃特說的一樣：你得表現得像個生意人。

「三個，」瓦特斯小姐說，對著她的資料點頭，「快四個了。」她抬頭，將視線對準了傑克森。「請告訴我，為什麼我們要幫助你？」

傑克森有些畏縮，他知道她的意思是：「為什麼要幫你銷售產品？」無論是不是有意這麼說，她絕對抓到了重點，如果……如果他們真的給了他這份合約，的確是在「幫助他」。

他深吸了一口氣。

「很簡單，我很喜愛動物，我覺得牠們很可愛。無論體型大小、無論是剛出生兩天的小貓或是行將就木的老狗都喜歡。無論牠們的體型、重量、品種或性情如何，每一隻動物對我而言，都是最高貴、最甜美、最和善、最……最真誠的生物。我看著動物的眼光就像……」他差一點要說，就像妳女兒的貓一樣，但這樣舉例會不會太過親暱了？「嗯，就好像，我認為所有貓、狗都是特使，是天堂派遣到人間的特使，幫我們了解真正的自己。」

瓦特斯小姐微微一笑，「所以才這樣取名？」

傑克森點頭，「沒錯，這就是我對牠們的看法。」

她再次低頭審視文件。「毛茸茸天使。」她又抬頭看向傑克森，「以一間公司的名稱而言，有點與眾不同。」

「我們本來就是一間與眾不同的公司。」他說，再次感到被冒犯。「無論如何，就像我之前所說的，道理很簡單。我只是想要為更多動物提供世界上最好的食物；只有最純粹，才有最新鮮，這不只是一句口號，我是真的這樣想。如果我的商品能夠在貴公司的商店上架，你們能觸及到的動物會比我個人更多。」

這算是超級保守的說法。瓦特斯小姐所代表的「史密斯與班克斯寵物連鎖店」，分店遍佈東岸到西岸的每一個州，足跡橫跨整個美國——或者應該說，「獸足」遍佈。

瓦特斯小姐再次瞥向手中資料，接著把視線調回傑克森身上，再次微笑，但這一絲微笑並沒有透露出太多線索。

「現在，我已經看過你寄來的所有資料，我得承認成果十分令人印象深刻。我們很喜歡你，也很欣賞你，十分有興趣與你探討合作的可能性。」

傑克森的心跳了一下，人也差點從椅子上跳起來。**令人印象深刻、我們很喜歡，也很欣賞你**。哇！

接著他的頭腦清醒了些，等等，她剛才是不是說「有興趣探討……可能性」？這不是等同於只是「有可能」而已？

「我們認為『毛茸茸天使』非常有可能在我們店裡上架，」瓦特斯小姐說，「我們只有兩個重點要求：一是你必須能夠供應全國連鎖店銷售所需，二是我們也想要獨家經銷權。」

傑克森的心停止跳動。

全國？

獨家？

全國銷售代表他得將產品運送到全國各州，但這不太可能，因為產品主打的是新鮮度和在地生長的食材。除非他能在全國各地設立製造廠，而且還不是一、兩間，至少要有十幾間，但是這需要巨額資金投入，絕對不可能做到。

獨家經銷權？這是要他結束與目前所有客戶的合作？要他背叛這些合作關係？光想到這些，就讓他心痛。

「好——」他的心跳加速，拚命希望對方聽不出他現在有多慌亂。「妳知道，我本來希望能夠先從供貨給四、五個州的連鎖店開始，這是我們目前所能提供的貨量。」

她說：「我了解，但你得了解我們是全國性連鎖店，只在五個州供應最純粹、最新鮮的產品，卻不在另外五州供應……這對我們的消費者公平嗎？」

傑克森感覺到自己臉紅了，這是在明知故問嗎？他想問出口，卻將疑問吞了回去，最終只是嘆了口氣（希望聲音夠輕），回答：「當然不公平，我了解妳的意思，但我不知道要如何……」

他突然停下來，他不是很確定要怎麼說完這句話。

房內突然一片懾人的安靜。

他得說些什麼，但他不敢說明自己目前真正的情況。

從早期客戶身上所賺取的利潤，讓傑克森有能力接手一間早已歇業的餐廳，在有了自己的業務用廚房後，他建立起寵物食品生產線，並將產品銷售到整個州內，甚至拓展到三個州——雖然只是三個州其中的個別區域。為了維持產品新鮮度與當地供給的標準，他也必須在隔壁州建立全新的製造廠。

但是從頭開始設立並經營一間新的工廠，比他預期的更為困難。他快要負擔不起之前所借的貸款，銀行已經耐心地等了一年，他現在必須立即在帳戶中投入現金，否則他們會要求立即還款，並關閉他的公司，期限正好就在一周後。傑克森毫無籌措現金的辦法，於是他想賭賭看，如果能夠拿出來自大型全國公司的大筆訂單，銀行或許會讓他繼續經營公司。換言之，如果能和瓦特斯小姐所代表的公司簽下合約，就能避免失敗。

想到此處，他內心悄悄地滑過了一個主意。因為太過隱約，他甚至過了一會兒才明白自己想到了什麼。

他說：「我了解妳的意思，合情合理。為了拓展至如此龐大的規模，我需要一些協助。」

從他們初次見面以來，瓦特斯小姐臉上第一次稍微失去了鎮定，「協助？」

傑克森說：「這麼說吧，美國國土幅員廣闊，而我們的產品標榜新鮮與在地，算是這個品牌的核心價值，也是你們願意上架這個品牌的價值所在。我們會需要設立廚房網絡，也就是生產中心，我們現在就有幾家生產中心。」其實僅有兩家。「為了能夠銷往全國，我預估我們會需要在全國各地成立……嗯，十幾家生產中心，這會需要一點資金投入。」

他試著以中庸而正常的語調說出這些話。對啊，在全國成立十幾家工廠。反正本來就是他未來計畫要做的，但是一點資金投入？光是說出那幾個字，就讓他覺得快要心臟病發作。

「我的意思並不是要你們直接提供資金，」他補充道：「這當然必須由我自己籌措，但我從未進行過這麼大規模的拓展計畫。我認為，若要成功籌措款項，會需要像史密斯與班克斯這樣的大企業替我背書，也就是替我擔任貸款擔保人。」

瓦特斯小姐以審視的眼光看著他。

「好，我可以把這個提案上呈給高層，看看他們怎麼說。但老實說，傑克森先生，我不認為他們會喜歡這個主意。」

室內再次安靜下來。

「還有，妳還提到獨家經銷權？」

她揚起眉毛，好像在說，**所以呢？**

「這……這個要求很高，因為目前這個區域裡有許多商店都在販售我的產品。」

她什麼都沒說。**然後呢？**

「有許多小商店，他們不僅是我的客戶，還是朋友，是我認識多年的友人。」沒有這些人的幫助，他的公司不可能順利經營下去——他大可以多加這一句的。

「當然，」她說，「你有現存的經銷管道，以及相關協議及合約。我們也預期會需要一段過渡時期，讓你有時間完成目前的義務、優雅地結束未來承諾，並為我們打造全新的市場宣傳品等等事項，我想大概需要三個月？」

傑克森麻木地點頭。市場宣傳品，他完全沒想到這點。

出乎意料地，瓦特斯小姐放柔了聲音：「我知道要求很多。」

她又安靜了一下，但這次沒有那麼嚇人。

「這樣好了，傑克森先生，」她過了一會兒又說，「你何不回去和你的人討論一下，看看有什麼辦法。我也會向高層報告替你背書的想法，然後我們再見面討論，好嗎？不如就下星期五，從今天算起一周後？」

從今天算起一周後，這跟銀行員那天早上說的話一模一樣，只是語氣可沒這麼友善。

他站起來，越過她的書桌與她握手。

「一周後沒問題，」他說，「謝謝妳。」

※

你可以的，傑克森。他一邊這樣告訴自己，一邊繞過米拉貝爾的辦公桌。他向她點點頭，以口型對她說「謝謝」（她正在講電話）並走出門外。你是個成功的生意人，你會搞定這筆生意的。不過，他不認為自己有辦法搞定這筆生意，也不認為自己是個成功的生意人。

他覺得自己像個才剛見過劊子手的人。

2 吉莉安

吉莉安望向辦公室窗外，試圖看清她的未來。

她已經待在這裡長達十年了。她很聰明，也很努力工作，經過一番奮鬥後才達到現在的位置，贏得採購的身分。「汲汲營營的事業狂小姐」，她的健身教練凱蒂常這麼取笑她，有時又是「中階行政主管小姐」。隨便，這就是她的身分，她也引以為榮，公司達成了許多成就，而她也是其中的一份子。

但她渴望爬向更高處，她想要升到高層。

公司的每一個人都知道經銷資深副總裁即將退休（還說是公司最高機密呢，哈哈），而吉莉安想要那個位置，如果她真的能爬到那裡，以後或許還有可能接掌公司的管理階層。有什麼不可能呢？

更精確地說，如果她獲得那個位置，薪水就可以讓女兒小波去上任何一間她想去的學校，還能為她存下大學學費，或者替她買下一匹馬，甚至給她全世界，因為這個孩子值得。

吉莉安覺得心跳加快。

她轉身回到辦公桌前，按下內線通話按鈕，「米拉貝爾？妳可以幫我安排跟高層開個會嗎？」

「當然可以，瓦特斯小姐。」米拉貝爾回覆，「什麼時候？」

「越快越好，最好是星期一。」

「我們會盡力安排，瓦特斯小姐。」

「妳最好了，米拉貝爾。」吉莉安說，接著結束通話。

只有最純粹、只有最新鮮、只有最完美。

當她說傑克森．希爾的產品令人印象深刻時，並不是在開玩笑。他的產品很好，事實上是「非常好」。他一開始與辦公室聯絡時，她馬上就想和他見面，但是她需要幾周時間來仔細調查他的公司及產品。她購買了一些樣品、與顧客交談，甚至外出與數家商家進行訪談，包括某些與傑克森關係最久的客戶。她挖掘得越多，情況看起來越好。

毫無疑問地，今天的會談會讓他以為她對他的公司一無所知，但這是策略所需。最好保持曖昧模糊，就像前夫克雷格常說的，**不要亮出所有底牌**（但看看這帶來什麼樣的結果）。

她對此也感到有些抱歉，但她不只是想要傑克森的產品，也是「需要」他的產品。這樣做不僅能贏得一位好客戶，也能幫助她的事業更上一層。

只要她能將傑克森獨特的產品帶入公司，就能成為亮眼的功績，副總裁之位也變得唾手可得，畢竟這個位置的競爭非常激烈。儘管吉莉安不擅長辦公室政治，她至少了解一件事：如果能順利贏得傑克森．希爾這個客戶，她就有機會。

她將椅子轉了個方向，再次望向窗外，看著漸暗的燈光。她不想回家，暫時還不想，因為她痛恨回到家時家中空無一人。

她回想前幾天早上載小波去學校時母女倆的對話，微微地笑了。

「期待周末見到妳爸爸嗎？」她說。

小波在兒童汽車座椅上不安地扭動了一下，「大概吧，他老是很忙。」

沒錯，克雷格就是這樣，他總是在忙。「怎麼個忙法？」她反問。

小波誇張地嘆了一口氣，「總是在用電腦，還有接電話，」她的雙手揮舞出大大的動作，「還有很多事情。」

吉莉安笑了，「我也總是很忙啊，小波寶貝。」

「那不一樣。」

「怎麼不一樣？」

「媽。」女兒給了她一臉「我還需要解釋嗎？」的表情，「就算妳再忙，妳也還是在『這裡』，從來不會真的忙到沒時間陪我。」

吉莉安再次感到心臟跳動，雖然每天都會跳動一千次以上。

不，還不能回家。她深吸了一口氣，她今天的工作已經完成了，如果不回家，還能去哪裡？當然只有「那個地方」囉！

才進來十分鐘，她就已經流了一身汗，但這才剛開始。她坐直身體，手往下探，在重訓器材上再加了五磅，再躺回健身椅上，繼續她的過頭胸肌伸展動作，總重量：三十磅。

推，慢慢放下；推，慢慢放下；推……

不可否認，吉莉安的確野心勃勃，但她也希望能有份好薪水，給予女兒最好的照顧，她總是以母老虎的兇猛姿態在護衛女兒。但如果捫心自問，原因也不僅止於此，她想要看到自己的努力付出有所影響，有真正的「影響力」。她最初也是因為這個理由才進公司的；不只是為了養家餬口，更希望能夠對這個世界有所貢獻。

她再次坐起並加重重量，接著躺回去繼續運動：四十磅。

她無法理解為什麼傑克森會不情願，她所提供的東西比他要求的來得更多。他為什麼沒有欣喜若狂？他看起來異常地不安，也很不合作，她搞不懂這個傢伙。他到底想不想要這份合約？

她本來樂觀地以為在會議結束時，雙方在大方向上至少能意見一致，之後再繼續討論細節，但他似乎對她所提出的每一項條款都有異議。

還有替他的廚房「背書」，這個要求完全出乎她的意料之外。他一定知道這是獅子大開口，大到她現在必須去取得資深副總裁的同意，偏偏她剛好希望能接手這個人的位置。

她再度坐起，並加重重量：五十磅。推，慢慢放下……

她想到了未來一周的行程。星期日下午，她就能接回小波；星期日晚上，她們就能一起狂歡。

接著是星期一。

她不知道哪一項挑戰更為艱鉅：讓高層同意為傑克森的「廚房」貸款計畫背

書，還是讓傑克森不要像初生之犢一樣，一聽到巨響就驚慌四竄。當她說出「全國銷售」和「獨家經銷權」時，她還以爲自己必須打內線電話叫米拉貝爾拿台心臟除顫器進來。

六十磅。

事實上在她思考過後，答案很簡單：這兩項挑戰都不可能。然而，在下星期五的會議結束後，她必須拿到一份簽好的合約——絕對要。

她大聲地唉聲嘆氣。

「妳感覺很糟？」

吉莉安停下手上運動，往上看到一張向下審視她的臉。即使上下顛倒，看到凱蒂長著雀斑的臉龐仍讓她想笑。「妳說什麼？」

「妳感覺很糟嗎？我覺得妳看起來很糟糕，因為妳這樣的練習絕對是在懲罰自己。」

吉莉安嘆了口氣，坐起身來。凱蒂不僅是她認真負責的教練，也是她最要好的朋友，她不確定自己來健身房的目的到底為何，是要運動還是要「聊聊」。

這也很簡單：兩者皆是。

「我試著要簽下一個客戶，」吉莉安說，「就是我之前跟妳提過的那個。」

凱蒂邊點頭，邊抓起吉莉安的手臂，把她塞到另一個器材上。

「我不知道這傢伙是怎麼回事，但我覺得自己好像在用一條細線拉樹幹一樣。如果我拉得太用力，線就會斷掉；但如果我完全不拉，他就待在那邊不動——」

「就像樹幹一樣。」凱蒂自動接口。

「完全正確，謝謝。」

「坐下。」

凱蒂讓吉莉安躺在健身椅上，設定好重量後，打了她的腿一下示意她開始，吉莉安順從地做起抬腿動作：四十磅。

「我真的很需要這個機會，凱蒂。這是我唯一能夠爭取往上爬的機會，也是我唯一能送小波進那間好學校的機會……」

凱蒂點頭，「也是很多其他事情的機會，我知道，甜心，我懂。」

吉莉安又做了二十下，才發現凱蒂一直站在那裡看著她。她把雙腳放回地上，深呼一口氣，望向凱蒂，「幹嘛？」

「或許妳應該去找教練。」凱蒂說。

吉莉安站起身來，雙手放到凱蒂肩上並直視著她，「凱蒂，妳不僅是我最要好的朋友，也是最惹人厭的損友，更是我的好教練！我不需要另一個教練了。」

「不是隨便的教練，」凱蒂說，「是『那位』教練。」

吉莉安坐回健身椅上，「到底是什麼教練？」她邊問邊繼續做抬腿動作。

凱蒂說：「我想他以前應該是橄欖球教練還是什麼的，帶高中校隊的。我甚至不知道他是不是職業的，但他現在是某種高階企業主管教練，和許多執行長及位處高壓職位人士都有合作，大概是這樣。」

吉莉安說：「那這個能施展奇蹟、激勵人心的精神導師叫什麼名字？」

凱蒂噘起嘴陷入沉思，「我從來沒有……」她聳了聳肩，「我從來沒聽過別人提起。我有個客戶跟他合作過，她總是稱他為『教練』，她說他稱自己所傳授的內容為『獲勝策略』。」凱蒂一邊說話一邊拿出手機，「來，我把他的號碼傳給妳。」

吉莉安做了個鬼臉，「哇，獲勝策略，真棒啊！他會不會是個殺人狂，專門以可以登上雜誌封面，或是搭乘私人客機之類的夢幻承諾，來騙我這樣的女人上鉤呢？」

凱蒂拍了下她的大腿，「妳也太壞了！」

吉莉安點頭，「沒錯，我很壞，所以現在要繼續接受懲罰。」她往前伸手調整重量，坐回去抓起握把，繼續她的訓練：五十磅……

※

九十分鐘後，吉莉安踏入家中玄關，關上門，聽到一聲「喀嗒」！她僵住不動，每當小波不在，房子這般空曠時，房內彌漫的安靜彷彿像有了實體重量和密度一樣。就像覆蓋住整座黑森林的魔咒，讓公主沉睡了有一個世紀之久。

她感覺到有什麼東西刷過她的腳。

她低頭一看，朝著靜悄悄在她雙腳間打轉的克莉奧微笑，並送出了一個飛吻給牠，沒有發出一絲聲響。不知為何，她覺得這份寧靜不該被打破，目前還不行，這感覺就像一種魔咒，如果她打破魔咒，女兒將永遠無法回到她身邊，永遠沉睡在黑森林中。

她突然搖了搖頭，大聲說：「看看當媽的都在想些什麼！」

克莉奧抬頭看她，無聲地贊同。

吉莉安脫下鞋子，赤腳走向廚房並泡了一杯熱茶。

高中橄欖球隊教練，真的假的？他的「獲勝策略」？

饒了我吧！

在等待茶變涼的同時，吉莉安．瓦特斯坐在廚房的高腳凳上看著窗外，試圖看清她的未來。

幾分鐘後，她手伸進口袋，拿出手機。

3 狗公園

當傑克森回到家中時，他家裡可一點都不空曠。騷動在他距離家門口還有三公尺遠時開始發動，等他的手握上門把時，騷動已經晉升為暴動。他一開門，馬上被有著毀滅性重量、熱氣還有毛巾大小的舌頭攻擊給淹沒。

「哇！伙計！」傑克森躺在大狗身下，一邊大笑一邊抗議，同時完全放棄抵抗。只要索羅門在場，無論空間有多大，都會被牠擠滿。牠重達六十八公斤的身軀可以佔滿一張小沙發，牠的熱情活力更可以塞滿一整座大禮堂，當索羅門要歡迎你時，你就得乖乖地接受牠的歡迎。

「我也愛你，伙計。」

在索羅門勉強同意後，牠退後兩步並甩了甩身軀。

索羅門甩動身軀時總會發出一連串聲響，鏗鏘作響的項圈、名牌和機關槍般來回甩動的大耳朵，在傑克森耳裡聽起來就像是直升機正要降落在附近一樣。

總統搭的直升機叫什麼來著？海洋一號，這是個新的好綽號：**這是我的狗，海洋一號**。每當索羅門甩動身軀，傑克森就會想起《向統帥致敬》（**譯註**：Hail to the Chief，**美國總統的官方進行曲**）一曲前幾個小節。

「嘿，伙計。」索羅門現在動作完全靜止，視線和注意力都黏在傑克森身上，靜待他下一句話，「要不要去散步？」

這真是明知故問。在傑克森說完「散步」前，索羅門就已經衝向前門，過了一會又回來，嘴上叼著牠的牽繩。

「我帶索羅門去公園！」傑克森一邊大喊，一邊把牽繩繫到牠的項圈上。公寓深處飄回一聲「嗯」，這位惜字如金的男人（至少有時候是這樣），正是沃特・希爾。

「很快就回來！」傑克森多加一句，不等父親回答就離開了。

※

傑克森很喜歡帶索羅門去散步，雖然正確來說，是索羅門帶他出門。

他沒花多久時間就追上莉莉和基斯。莉莉是基斯養的牛頭㹴，是從收容所救出的狗，也是索羅門在狗公園最愛的玩伴之一。

這也是傑克森帶索羅門外出時最喜歡的事情，他非常喜歡看到狗狗們彼此相遇時，那種熱情、毫不掩飾的開心。這也是他喜愛跟狗狗相處的最大原因之一：牠們無時無刻都在提醒他要去感謝純粹活著的奇蹟，那種聞著空氣、感受微風，毫不害羞地展現能夠用雙腿（或是四條腿）自由奔跑的盎然生機（就算只是慢慢走也行，看看可憐的基斯）。那些似乎被人類視為理所當然的事情，在狗兒眼中從來不是理所當然。

基斯是位退休消防員，雖然傑克森認為「退休」這個字眼並不適合用在五十幾歲的人身上。基斯幾年前在執勤時受了嚴重的傷，造成無法正常活動右腿，也沒辦法痊癒，但他還是每天走動，和莉莉一起散步很長一段距離。

這是傑克森第一百次為他和基斯的友誼感到驚訝。他們來自於完全不同的世代、不同社區、不同生活背景。他們的價值觀很少有一致的地方，也完全沒有相似之處。

兩個男人並肩站在一起，看著索羅門和莉莉彼此互相轉圈圈，並互相嗅聞味道。

更正，只有一處相同。

兩隻狗現在穿過了公園，兩個男人也沿著步道慢慢走，看著牠們互相來回衝撞，瘋狂地追著彼此繞圈圈，玩著追捕、吼叫再放開的遊戲。牠們這段期間一直都是淌著口水、露齒傻笑，全心全意地享受遊戲時間，這種天賦只有狗兒與小孩才能擁有。

兩個男人低聲輕笑。

「這真是最棒的事了，對吧？」基斯說，「牠們看見對方時就像是世界上最棒的久別重逢，好像分離了十幾年一樣。就像世界二次大戰結束後，在時代廣場親吻的那對士兵和護士。」

「我懂，」傑克森說，兩人一路走著，「我很喜歡這樣。」

看著這些狗享受玩樂的同時，傑克森卻彷彿回到了他在瓦特斯小姐辦公室那段悲慘又緊繃的時刻，那場會議中絕對沒有這種熱情及毫無保留的快樂。傑克森立刻感到悶悶不樂。

「動物，我很了解，」傑克森補充道，「但是人類我卻搞不懂。」

「喲！」基斯瞥了他一眼，「今天工作不太順利嗎，親愛的？」

傑克森放聲大笑，無論他感覺有多糟，基斯總是能讓他笑出來。「可以這麼說。」

他向基斯大致解釋了情況，並總結道：「所以，我們下星期五會再見一次面。如果會議結束後我沒有拿到合約，我的公司就完了，結束了。」

「喲。」基斯又開口。他撈起一把沙在手中搓揉，再撒回地上。傑克森不知道他為什麼這樣做，但這樣好像能幫助他思考。

「傑克森，你是狗狗最好的朋友，這點也做得十分優秀。但說到做生意的精髓，你不過只是隻初出茅廬的小狗崽而已。」

傑克森嘆了口氣。

「傑克森，你需要了解這行的幾個招數。」

「你說的又是哪一行，基斯？」

基斯給了他一個「你是笨蛋嗎？」的招牌表情。「商業啊，老兄。你得拿下這筆交易，對吧？你需要學會如何談判，那些策略、把戲和技巧，老兄，你需要磨練一下技術。」

傑克森不發一語。

「嘿，外面可是狗咬狗的世界呢。」

為什麼人們總是這樣說呢？傑克森從未看過一隻狗會咬另一隻狗，他反而看過太多人會去生吞活剝其他人，他父親就是個很好的例子。想到這點又讓他害怕，但他勢必得把悲慘的會議結果告訴父親，沃特會一點一滴全部挖出來。

基斯打破沉默，「有跟你說過我為自己的腿所打的那場官司嗎？」

傑克森皺起了眉頭，「我以為你說你從沒為此事上過法庭。」

基斯瞇著眼看向遠方（誰知道在看什麼）並點點頭，「嗯，原來你真的有在聽啊，狗男孩。你比看上去還要聰明啊，你知道嗎？」

傑克森不理會基斯的攻擊，「所以在你『沒打過』的那場官司中，到底發生了什麼事？」

基斯說：「我們當時確實已經準備好要上法庭，連開庭時間都確認了，但我們陷入僵局。賠償金額雙方僵持不下，市政府不願往上加超過X元，我則不願意對比Y元少的數字妥協。」

他暫停，又丟了另一把沙，接著繼續走向前，好像故事已經說完了一樣。

「你非得讓我認真求你是不是？」傑克森說，「好，求求你告訴我，到底發生什麼事？」

基斯咧嘴而笑，他缺了幾顆牙，但剩下牙齒的形狀還是很好看。傑克森想：在餵過這麼多狗之後，人就會開始注意這種細節。

「好吧。有位律師介入調停，幫我談到一個好金額，比我自己期望的還要好，好很多，真的好很多。」

傑克森吹了聲口哨，「市政府一定對此超級不爽。」

「這就是最奇怪的地方，他們並沒有不爽，一點也沒有。她處理的方式讓他們跟我同樣滿意，簡直就像大衛考伯菲魔術秀一樣，我真是不敢相信。」

「哇！你從哪找到那位律師的？」

基斯咳笑了一聲，「不是我找到她的，可以說是她找到我的。」傑克森疑惑地看著他，這似乎讓基斯很得意。「她不是我的律師，老兄，是市政府的人，而且她也不完全是個律師。」

傑克森停下腳步，看著他朋友。「等一下，這說不通。他們請來一位律師，結果她卻幫你談判成功？這是怎麼回事？『不完全是個律師』又是什麼意思？」

「她其實是位法官，嚴格來說是位退休法官。」他看向傑克森，「求我餵你吃零食啊。」

傑克森大笑，「你真壞心，基斯。好吧，算我求你了。重點是什麼？」

基斯滿意地點點頭，乖孩子。「事情是這樣的，這位退休的法官，她到現在都還在到處幫人化解紛爭，傳授她稱為『自然協商』的東西。」

「她為什麼要取這麼名字？」

基斯聳聳肩，「我完全不知道，你得自己問她了，狗男孩。」

※

傑克森先前對於晚餐時會有的對話預測完全正確。他才剛把食物裝進盤中，吃下第一口時，沃特就問：「事情進行得如何？」

傑克森盡量把細節簡化，敘述了他和瓦特斯小姐下午見面時的過程。

「你看吧。」沃特說。

傑克森拚命希望自己不要上鉤，但他控制不了自己：「什麼意思？你看吧？」

沃特放下手中叉子，看著他兒子，「就在那裡，就在她投下全國銷售這個小炸彈時，那就是你的時機。」

傑克森嘆氣，「我的什麼時機，老爸？」

沃特拿回手中叉子，叉住食物，再將叉子指向他兒子，「大驚小怪（flinch），你這時候應該使用大驚小怪策略。」他咬下叉子上的食物，嚼動幾下後吞下，並繼續說道，「方法是這樣的，當有人向你提出一個價錢時，你知道這完全不在你的好球帶內，甚至差距十萬八千里，但他們其實只是在測試你，看你會不會因此揮棒。所以你應該做的是，**什麼話都不說**，只要臉上做出反應就好，懂嗎？只要做出反應，不要太過強烈，能讓他們看得出來就好。就好像你不是故意要做出這種反應，只是因為這個價格太過侮辱人，你無法控制自己。

「這可以嚇唬人，可以嚇到他們，他們就會說：『喔，但我們應該可以把價碼放低一點。』」他噴出一聲笑，「你一個字都不用說，他們就會馬上蓋牌，這招每次都有效，每、一、次。」

他低頭看向盤內，繼續吃飯。

「大驚小怪策略，」他對著盤子說，「從不失敗。」

*拜託，我是真的大驚小怪了好嗎？*傑克森想，雖然那更像落荒而逃，他幾乎都要跌到地上、躲到桌子底下了，而且還邊躲邊找掩護。他很確定自己的反應完全不是沃特說的那種有力回擊。

「你可以用這個策略，也可以使用勇於挑戰策略。要怎麼做呢？你只要直視他們雙眼並說：『你還有更好的提議嗎？』就好像在說他們的出價非常軟弱無力，甚至完全不值一提，質疑他們根本沒有在認真工作。透露出一種『拜託，你是認真的嗎？如果我們要決鬥，你起碼也要把手中長槍握好』的態度，哈！」

傑克森無聲地嘆氣。他很想指出，問題不在於瓦特斯小姐提出的價錢太低，他們根本連價錢都還沒談到。只是她的條件：（一）不可能，（二）毫無希望，（三）就算有可能，他也難以負荷。不過，他不太可能向沃特解釋這些。

沃特過去是個冷酷無情的協商專家，作為父親也非常嚴格，雖然現在變得比較圓滑一點，但可能只是因為他覺得自己年老體衰又患病，無法像過去一般囂張跋扈。無論如何，自從傑克森的媽媽過世後，他和沃特達成了一種不穩定的停戰協定，試著協調兩人作為單身漢的同居生活。說老實話，傑克森還滿喜歡有他作伴的，但他不確定沃特有多認同這個想法。

不，沃特並不會讓他感到困擾，每天向沃特報告一天生意內容，並接受他仔細審查的過程也不會讓傑克森感到煩厭。他甚至不介意聆聽沃特不斷指導他事情該怎麼做，雖然他光想到這點就倍感害怕，對話內容通常也真的會讓人發抖，什麼大驚小怪策略、勇於挑戰策略等等。

只要一想到自己得這麼十足算計、拐彎抹角，傑克森就全身發抖。朋友，你得學些把戲和技巧，基斯說。他都是從沃特身上學到這些把戲和技巧的，但這並不是困擾他的原因。

真正困擾他的是：萬一基斯和沃特說對了，怎麼辦？因為他這樣就得承認，無論現在怎麼做都無力可回天了。

4

法官

傑克森隔天早上只抱著一個想法醒來：法官。

他坐起身來，在雙腳碰到地板前，就已經在心裡和自己辯論了起來。真的嗎，傑克森？把戲和技巧？他真的認真考慮要這樣做嗎？但是，基斯的故事以及他獲得的和解結果，真的十分令人印象深刻。

所以他真的準備好要對著一個陌生人，攤出所有底牌、說出他最痛苦的祕密嗎？這樣他還不如選擇把手指插入插座中，反正照樣也能度過一個「開心」的午後。

他看向索羅門，牠仍攤在地板上那張巨大的狗窩裡，深深沉睡著，但是當傑克森一有動作，索羅門的耳朵立刻豎起，轉變成警戒模式。雖然我看似睡著，但還是有在執行任務。傑克森搖了搖頭，笑了。忠心耿耿的狗狗！如果有人想當著索羅門的面對傑克森不利的話，他會很同情他們的下場。

或許他下周五該帶著索羅門去開會。

他放下心中這個小衝動，覺得會有這個念頭的自己實在很傻。畢竟這件事和傑克森自己與他脆弱的自尊心無關，而是關乎能否拯救他的公司、能否還有機會提供無數狗兒（當然還有貓咪）世界上最好的食物。

他伸手拿起電話，並翻出一張紙條，上面有著基斯在狗公園寫下的一個號碼。他會留下語音訊息，希望在禮拜一能得到回覆。雖然可能得花上兩到三周才能預約到見面時間，這當然是亡羊補牢，但他還是得補補看。

他鍵入了號碼，並按下「撥號」鍵。

「我是瑟莉亞．韓蕭。」一個聲音說。

傑克森等著剩下的語音信息播放完，接著突然意識到這並不是語音訊息。

「哈囉，對不起。請問是韓蕭法官的辦公室嗎？」

「我就是。」

那是個低沉、濃厚而悅耳的聲音，帶著一點南方口音。應該不是喬治亞州的口音，更輕微一點，曼菲斯？路易維爾（譯註：這幾個地點皆位於美國南方）？

「抱歉，」傑克森說，「我以為……我沒想到會有人接電話。我是說，很抱歉打擾妳的周六假日。」

「你並沒有打擾，」那個聲音說，「只是參與了我的假日。」

「喔，好。」他說，「有個朋友給了我妳的電話，他是基斯．戴維斯，退休的消防員？」

「當然記得，基斯。他還好嗎？」

「他……他還是老樣子。」

那個聲音低低地笑了，「那莉莉呢？」

「喔，莉莉很好。」

他們安靜了一會。

「你何不跟我說說你的情況？」

「好，當然沒問題。我目前經營一家食品公司，是貓狗食品……一家寵物食品公司。我們主要在本州銷售，也在周圍幾個州的部分地區販賣，主要是透過小型商店……」

一陣渾厚笑聲從對方喉嚨發出，透過電話流洩出來，有如查理．帕克（**譯註：Charlie Parker，美國著名的黑人爵士樂手**）的次中音薩克斯風。

「是毛茸茸天使？」那個聲音說。

「沒錯！妳怎麼……」

「你一定是傑克森．希爾吧。」她說，「我一直很想跟你見面，並向你道謝，就像好萊塢常說的一樣：我很喜歡你的作品。」

「我……我的……」傑克森就像第一次參加舞會的青少年一樣，舌頭打結。

「我們養了五隻貓。」那個聲音解釋，「還有，在你為了保持禮貌而隱忍不問之前，我先回答。我不是在市中心養一堆貓的古怪老太太，是我先生，他沒辦法對流浪貓和窮人說不；我雖然有辦法拒絕這兩樣，但卻沒有能力拒絕他。」她再度大笑。傑克森暗自想著，如果能夠把這些笑聲抹在鬆餅上，應該豐盛得有如皇家美食。「我們的貓被你的食物養得很好，才吃六個星期，牠們就變了一個模樣，更快樂也更健康了。真的很厲害，謝謝你。」

「妳絕對不用客氣，」傑克森回答，「我很高興聽到妳這樣說。」

又一次短暫沉默。

「所以……」那個聲音說。

喔，對。「所以，我現在面臨十分困難的協商情況……」他簡短地敘述了目前情況，包括他希望拿下的那筆合約，以及籠罩他的銀行貸款陰影。

他不敢相信自己竟然就這樣穿著睡衣、坐在這裡，跟一個完全的陌生人講述這一切——至少他今天不用選擇把手指插到插座裡了。

「好。」在他說完之後，她問，「你要什麼結果？」

「什麼？」

「你想從中獲得什麼結果？」

「嗯。」傑克森說，「我不想將商品從朋友們的店裡下架，雖然目前看來我沒什麼選擇，但如果有任何方式能夠避免，我真的希望不用這樣做。還有全國銷售這件事……老實說，這個想法讓我覺得害怕。不過現在最迫切的問題就是銀行貸款，畢竟弄不好可能會終結一切。我真正需要的是那張合約，如果我能談成這筆交易，我很確定能讓銀行讓步，給我一點喘息的空間。」

電話另一端一陣沉默。

「好吧。」法官說，「我不認為我有聽到任何一句『這就是我想要的』，你只是描述了很多問題。你到底『想要』什麼？」

「嗯，我猜我想要的是銀行留給我一點餘地，這樣我才能以合理的步調拓展事業版圖。」

又是一陣短暫沉默。

「好，這是你想要的嗎？真正想要的？」

傑克森為此思考了一陣子。

「讓我問你另一個問題，」法官說。「你『擁有』什麼？」

「我擁有什麼？」

「沒錯，你現在擁有什麼東西是你喜歡的？能夠讓你快樂的？會讓你大叫『太棒啦』，這才是重點。」

傑克森點點頭，才想到她在電話裡看不見，加上一句：「好，我懂妳的意思了。」他暫停了一下。

「汪。」索羅門悄悄地叫了一聲。

傑克森看著牠。

索羅門也回看傑克森，他笑了一下，對著電話說：「我有隻狗，一隻巨大、愛流口水、熱情而高尚的野獸，牠教會了我『忠誠』的意義。我也擁有一大群動物，不是在我家，而是在產品銷售的商店中認識，並逐漸熟悉的動物們。我喜歡看著那些吃著我們產品的動物，以及那些陪牠們一起來到店裡的人。他們的生命因為有了動物參與，而變得更加多采多姿。事實上，我很高興聽到妳丈夫養的五隻貓健康長大，而這是我長時間窩在小小廚房中不斷試驗、調整、研發這些產品後，才換來的成果。

「『這』才是我目前所擁有、讓我熱愛的事情。」

又是一陣沉默，這次時間久到讓傑克森懷疑電話是不是斷線了。

「妳還在線上嗎？」

她說，「我還在。傑克森．希爾，你剛剛說的話很美好。」再次短暫沉默後，她接著說：「以我的經驗來說，當你不確定自己想要什麼時，看看你目前擁有什麼東西是你熱愛的，能讓你快樂的事物。有很大的機率，那就是你想要累積更多的東西。」

傑克森奇妙地因為她的話而感到溫暖，但同時也感到困惑：這些東西要如何幫助他協商成功、拿下合約，走出這不可能成功的困境？

「如果有這麼簡單就好了。」他喃喃低語。

「我懂。其實真的很簡單。唉！但是，」她嘆氣，「我們卻沒那麼簡單，是我們把事情弄得更複雜，在上面打了許多結。」

這話對傑克森來說很受用。打了結，套句沃特會說的話：沒錯。

「所以，要如何解開這些結？」傑克森說。

「啊，」那聲音說，「這就是價值六萬四千元美金的問題，不是嗎？」

「所以才需要妳的幫助。」

「沒錯。」

聽起來感覺有點狼狽，因為她並沒有用一些華麗辭藻或普通問候語來填滿對話之間的空隙。

「我可以問妳一個問題嗎？」傑克森說。

「當然。」

「妳為什麼稱妳的方法為『自然協商』呢？」

「那你為什麼稱你的產品為『天然寵物食品』呢？」

「因為裡面沒有任何人工添加物。」

你能在電話中聽到微笑的聲音嗎？傑克森發誓他剛剛聽到了。

「這是個負面的敘述。」她說，「你剛剛說的是它『不是什麼』。那它到底

『是什麼』呢？是什麼讓產品變得『天然』？」

傑克森連思考都不用就回答，「是這些動物能夠選擇的話，會真正想吃的東西，是對牠們有益的東西。是產品設計的過程。」

「沒錯。」她說，「你的說明很完美。我的方法也是如此。」

傑克森等了一會，希望她能解釋得更詳細些，但她卻說：「你打來是想問問看能不能預約見面，是嗎？」

「對，沒錯。」他覺得自己好像是一個月前撥的電話。他們到底聊了多久啊？

「你何不來我辦公室共進早餐，約星期一早上八點？」她給了他一個地址。

「沒問題，謝謝妳！太棒了！」

「好，」她說，「再見，傑克森。」喀拉。

直到他把電話放下後，才省悟到她掛電話前說的是什麼。*來我辦公室共進早餐*

……

等等，吃早餐？

他看向索羅門。

索羅門說「汪」，然後把自己的腳放在他身上，開始了這一天。

5 教練

當傑克森．希爾放下電話的同時，吉莉安．瓦特斯正位於市區一條當地人稱之為熱鬧街的街道上，敲了敲一棟兩層樓小屋的大門。

熱鬧街上由住家改造成辦公室的建築物內，座落著藝術工作室、獨立錄音室、小型出版社，甚至還有陶藝工作室，街道的盡頭還有著類似素食咖啡廳和果汁吧的餐飲場所。看起來不太像吉莉安想像中能夠找到「高階企業主管教練」的地方。

雞飛蛋打、徒勞無功嗎，吉莉安？她心中想著，還是妳就是雞蛋？

小波一直要到明天下午才會從她爸爸那邊回來，妳今天還有好多重訓器材訓練可以做，倒不如去抓穩手中的雞蛋？

沒想到她一敲門，大門立刻打開。「吉莉安．瓦特斯！進來吧，孩子，真高興見到妳。」

教練比吉莉安矮一個頭，體型像個消防栓一樣。一頭白色短髮，身穿短袖襯衫和老舊卡其褲，腳上套著網球鞋。他的鼻梁看起來好像骨折過又重整過一兩次——甚至兩次以上。

「請進！」他再次邀請道，並轉身朝屋內走去。

她往前一步，關上門，然後小跑步跟上。她還在為他的招呼方式感到困惑，因為好像在跟久別重逢的老友打招呼一樣。

「我們見過嗎？」她對著他的背影說。

「當然，」他頭也不回地說，「不就是現在嗎？」他突然停下，轉頭面對她，「等等，妳是吉莉安·瓦特斯，對吧？」

她點點頭。

「那就好。我是喬治，人稱教練。」他伸出手，包住了吉莉安的右手，並大力地握了握。「很高興見到妳！」

他轉身繼續向前走，她跟著他穿過看似正常（但有點窄小）的住家客廳，到了一間舒適的辦公室，大概是由獨立的小房間重新裝潢而成的。

喬治（又稱教練）滑入辦公桌後，那張桌子就像一艘由桃花心木與皮革組成的巨大戰船，幾乎佔去了房間的一半。教練指指一張看來舒適的皮革桃花心木扶手椅。她在坐下的同時，也打量著房內擺設。

牆面上佈滿了大小、高低各有不同的照片，凌亂得好像有人拿著裝有裱框相片的機關槍朝著屋內隨意掃射。有些照片是運動界的名人（吉莉安不像小波一樣對運動界那麼熟悉，但她還是認出了幾張面孔），以及企業界名人（這部分她就熟悉了，因此讓她驚訝萬分），而與這些人合照的正是笑容滿面的教練。在少數幾張照片中，她甚至認出了幾個本市內最富有的慈善家，這一點最讓她印象深刻。

「歡迎來到球員休息室。」教練說。

牆上嵌著幾個小書架，上面擺放著獎盃。其中一個獎盃閃閃發光，是一雙緊握在一起的拳擊手套，表面是鍍金嗎？

教練注意到她的視線，「我一開始是個拳擊選手，打得挺不錯的。可惜，」說到這裡，他指著自己的鼻子，「還不夠好。相信妳也有注意到我被打斷的鼻子。」

吉莉安臉紅了，她表現得有那麼明顯嗎？

「那段時間，我充滿了雄心壯志。」他繼續道，「從地獄中站起來無數次，贏得比賽無數次，也打進過職業聯盟一段時間。最後我變得文明了一些，成為了高中教練，拳擊、摔角、橄欖球、棒球、足球……什麼都教。但妳來這裡不是聽我講古的，妳說想了解獲勝策略，很好。妳說妳是記者？不，等等……」在她開口回答前，他又繼續：「不對，妳是商業界的，是經理……在大型寵物店工作？史密斯與班克斯。」

「對。」吉莉安說，「我在那裡擔任採購。」

「別告訴我妳想採購某項產品，結果遇到了困難？」

他還真是一點時間都不浪費地直切重點呀！她喜歡。「大概就是這樣，沒錯。」

「好吧。」他靠回椅背上，她也依樣畫葫蘆，接著馬上感覺到，哇！這張扶手椅也太舒服了吧！

「我懂。」他說，「好像是矯正椅還是什麼的，很棒吧？這是我特別訂做的，就是為了讓客人感覺賓至如歸。」他從筆架上拿起一枝鍍金的筆，開始轉動，好像在配合他的思緒一樣。吉莉安忍不住注意到他的手：看起來就像一雙棒球手套。

「獲勝策略其實只是縮寫，完整名稱是踏上人生正軌獲勝策略。」

「不好意思，」吉莉安說，「但我不需要一套策略來幫我的『人生』邁向正軌。只需要一個能幫我拿下眼前合約的方法，『這樣』才能幫助我的人生邁向正軌。」

他微笑並點頭，「我懂了，好吧。」他看了一眼手上的手錶。「我再過十分鐘左右就得離開，所以我們還有五分鐘的時間。讓我描述一下大概架構，然後妳再看看有沒有興趣深入了解，好嗎？」

吉莉安輕輕點了點頭，「當然好。」

「這套策略可以概括成兩件事：正向力還有說服力。」

吉莉安眨眨眼，看來我找到雞蛋了。至少他不是什麼拐騙婦女的殺人狂。

「為什麼正向說服力會是獲勝策略？」他問，「好問題。在運動中，獲勝的關鍵在於競爭，對嗎？在生意上，獲勝的關鍵則在於『合作』。」

「呃，好……」她說。

吉莉安可不確定這是正確的，但還是先保持沉默。

「那麼，」他繼續說，「什麼是有效合作的關鍵呢？」

這個很簡單，她說：「妥協。」

他笑了笑，再度點頭，「聰明的孩子。」接著又搖了搖頭。「但我不確定這是正確答案。我在學校裡學到一件事：『妥協』這個字在拉丁文中的意思是『大家最後都獲得了別人認為不錯的東西，但其實沒有人獲得真正想要的東西』。」

等等，這聽起來可不太對。「這是哪間學校教的？」她幾乎是不假思索地，這句話便脫口而出，希望聽起來不會太無禮。

他傾身向前並低吟道：「頑固逆境大學。」他滿意地看著她充滿困惑的臉龐，並點點頭，「又稱為痛苦挫折學院。拉丁文當然並沒有這個字，是我捏造的，但意思與事實相差無幾。」

吉莉安無法抑制地笑了。她得承認，這個定義其實滿不錯的。當她和小波的爸爸離婚時，律師一直不停跟她說需要「合理的妥協」；而教練的定義如實且精確地表達了他們雙方最後得到的東西。

她問：「說服力的部分又怎麼說？」

「說服力，」他說，「是合作的本質。假設現在有兩個人——其實無論幾個人都可以，但現在只以兩個人為例，他們的立場不盡相同。所以為了讓他們立場一致，至少要有一方需要說服另一方來改變立場。雖然我是說『至少』有一方，但其實也可能是雙方。」

「抱歉，」吉莉安說，「但這和直接操縱對方內心有什麼不同？」

他拿著筆指向她，並點點頭。「這是個很棒的切入點，有什麼不同呢？從某個角度來說，兩者的確有所關聯，但它們是表面上相似，實質上卻相反。操縱人心，是讓某個人去做你想讓他們做的事，是出於你個人的理由而做的。而說服力，則是讓某人去做『他們』想做的事，而且是出於『他們自己』的理由。

「以擔任教練為例。連續十二個禮拜，我要在棒球場上和一群十四歲的男孩相處，而我大部分的時間都在運用『說服力』。這些孩子『想要』打球，想打一場精彩的比賽。他們想要進步、想要表現傑出，想要發揮最大的潛力，他們想要做到這一切。但如果我不在場上，這一切就不會發生。為什麼？因為有很多東西阻礙了他們前進。

「教練主要的責任只是幫助他們移除眼前障礙，並提醒他們最初想要做的事情。」

吉莉安想到她和凱蒂的訓練。這就是凱蒂做的事嗎？只是幫她移除眼前的障礙，比如各種偷懶的藉口？

「以藉口為例。」教練說道（好可怕，這個人竟然能讀妳的心），「缺乏自信心、壞習慣、身體狀況不理想、老套的懶惰、讓人分心的事物、壞脾氣、擔心等，這些都是阻礙我們的事物。」他聳聳肩，「我把這些都移除，這就是教練的指導，這就是說服力。

「但如果我是要試著把這些孩子變成兒童士兵，讓他們裝備武器、掃平這個城市，我想我們大概都同意這是『操縱』，因為這並不是他們加入隊伍的原因。我是在幫助他們達成加入隊伍時的目的。

「操縱人心的人或許會擁有下屬，卻永遠無法擁有一個團隊。他們會有顧客，卻少有忠實顧客；也會有朋友和家人，卻很難擁有真正快樂、令人滿足的關係。因為無論是出於天性或單純因為習慣使然，操縱人心的人都很有防衛心，多疑且內心充滿怨恨。一直抱持這樣的心態，要怎麼感到快樂？」

哇！吉莉安想，他剛剛是不是徹底分析了克雷格的性格？

「說服者和操縱人心者都擅長解讀人心，也會利用這項技巧去影響他人。但不同之處在於，操縱人心者只是為了自身利益而去影響他人；而正向說服者在使用這項技巧時，會兼顧他人的利益，並不僅僅是為了自己。」

「我們要如何知道其中的不同？」

他點頭，「其中有一件事是操縱人心者會做，但正向說服者永遠不會做的事情。操縱人心者會玩弄你的負面情緒，以誘導你順從。如果你不打球，他們會試著讓你覺得自己很傻、很笨、有罪惡感或很自私，或是其他能夠產生效果的負面情緒。他們會利用所有找得到的弱點，讓你感到不安、想要認輸。」

吉莉安心裡抖了一下。利用所有找得到的弱點，讓你想要認輸。她在與傑克森‧希爾見面之前故意讓他多等了十一分鐘，自己其實也不太舒服；接著又使用了那個「霍爾先生」技巧，讓他變得十分有防衛心……回想起來真是令人寒毛直豎，但她不得不讓那場會議成功，不是嗎？

或許教練所描述的人不只是克雷格。

教練非常輕柔地說出接下來的話，好像他是透過腦中的思緒傳達給她一樣。「這也不全然是惡意的，」他說，「人們通常帶著善意做這樣的事，只是試著讓你做他們認為你該做的事情、你會感激的事情、對你有益的事情。他們之所以使用操縱的手段，是因為他們不知道其他方法。」

吉莉安低頭看著自己的手心，悄聲說：「但這個方法有用。」

「嗯？」他說，「沒錯，通常在當下有用或是會維持一段時間，但長久來看不會成功。操縱人心或許有時候可以贏得比賽，卻不會永遠獲勝。」

她抬頭，直直看向他毫不閃躲的雙眼，「對不起，但我完全不懂這是什麼意思。」

雖然她覺得自己知道，但可能解釋不太出來。

教練看了她一會兒，然後伸出棒球手套般的大手，掌心向下地放在他們之間的辦公桌上。不知道為什麼，這個手勢意外地觸動了她，似乎在說：我在半途這裡等妳；我願意幫助妳，但也得妳願意才行，我很安全的。

他絕對不是殺人狂，吉莉安想。

教練再次瞥向他的手錶，並站了起來，「我得走了。」他看著她，「所以？」

他之前說過「妳再看看有沒有興趣深入了解」，是時候給出答覆了。

她不確定地點頭，「我承認你引起了我的好奇心。但是，企業管理訓練……」

他舉起雙手，做了一個「等等」的手勢。「不是實際的管理，目前暫時只是這個領域的概述。周一開始第一堂課？」

當吉莉安聽到周一時，她的思緒回歸現實，心沉了下去，「抱……抱歉，我一整天都要上班，我不知道……」

「妳何不在上班途中早點過來，大概八點？我們可以在街尾的果汁吧碰面，熱鬧街的最後一棟建築。」

吉莉安聳聳肩，「當然。我是說，應該可以……」她是無法承受星期一上班遲到的後果，但她怎麼能拒絕他這麼慷慨的提議？

「妳不會遲到的，」教練說，「五分鐘，只需要五分鐘和一杯美味的現榨果汁。這個提議很棒：妳買單，我說話。」

她放聲大笑，「你很有說服力，喬治。」但內心想的是：五分鐘？我們五分鐘之內能做什麼？

他笑了，「我能用一隻手數出我對商業獲勝策略所知的一切，而且我絕對能在五分鐘內和妳分享完。」他舉起右手食指，「或至少可在時限內提供一根手指頭的價值。」

真可怕，她想。這個人「真的」能夠讀心！

「重點是，」教練補充，「一旦妳學會獲勝策略後，就沒有辦法忘記，而且還會改變妳的思考方式。妳想要這樣做嗎？」

「當然。」吉莉安回答。但是當她向他道謝，並離開那棟小小建築後，她不禁思考著：她真的想嗎？

6 掌控你的情緒

星期一早上八點鐘，吉莉安大步踏入熱鬧街的最後一棟建築，那扇位於「果汁廚房」招牌下方的大門，接著馬上懷疑自己是不是做了錯誤的選擇。

教練靠在吧檯上，正與一名外表不修邊幅的熟客說話。吉莉安穿著一身完美無瑕的套裝，配上花朵圖案絲巾、俐落的反折袖口和經典款娃娃鞋，這就是她上班的行頭，極為專業。喬治穿著毛衣，看起來好像會在這裡閒聊度過一整天。

吉莉安呻吟了一聲，她沒辦法準時離開這裡去上班了。

教練舉起一隻棒球手套般的手向她打招呼，給了她一個大大的笑容，並指著手錶對她大喊：「我們還剩下四分鐘又四十五秒。」

與此同時，幾個街口外，傑克森．希爾猶豫地站在人行道上，看著商店入口，第三次確認地址。法官跟他說過「來我辦公室」，這裡是她給的地址沒錯，但完全不見任何辦公大樓的蹤跡。他在聽到地址時就覺得莫名熟悉，現在他知道為什麼了，因為他之前來過這裡——而且誰沒來過呢？

他再次抬頭看著門上的招牌。那個經典的大寫R，下面則是過去十年來享譽全球的招牌：

瑞秋的知名咖啡

太奇怪了，傑克森想著。她的辦公室在哪？在餐廳樓上嗎？還是後面？但他沒看到任何招牌指引他往其中一處走。

或許店裡的人能給他一些指示……希望如此，他走進店內。

※

簡單掃過高高掛在果汁廚房牆上的菜單後，吉莉安選了一杯混合胡蘿蔔、甜菜根、蘋果、螺旋藻和天知道是什麼的「濃縮能量」飲料。她也想多點一杯義式濃縮咖啡，但服務生茫然地問她：「什麼？」於是吉莉安說：「沒關係。」

服務生接著詢問教練要喝什麼。「芹菜汁，就只要芹菜。」他指著室內最裡面的吧檯，「我們去坐那邊吧，不會擋路。」

吉莉安付了果汁錢，跟著走到他已經坐下的地方，吧檯的最後一個座位。他吸了一大口果汁，幾乎喝到見底，看起來這個動作他好像做過一千次：在經歷一場辛苦比賽後，一個拳擊手舒服地靠在吧檯旁，狠狠灌下芹菜汁。

他把果汁放下。「好，獲勝策略。」

「為了踏上人生正軌。」吉莉安補充。

他點頭，「說得好。」他舉起一根食指。「第一個祕密，呼吸。」

「呼吸？就這樣？」

他再次點頭，「呼吸。」

現在是怎樣？她想，但還是邊說邊點頭：「好，呼吸，懂了。」

「讓我看看。」教練說。

「什麼？你想看我怎麼呼吸？」

教練只是微微歪了一下頭。

吉莉安誇張地呼吸了幾下，吸進、吐出三次，接著第四次、第五次。她停下來看著他，可以了嗎？

「不對，不對。」他說，「我是說，深呼吸。妳看好……」他把高腳椅往後推，把左手手掌放在肚子上。「把妳的手放在肚子上，就像這樣。」他做了一次緩慢的深呼吸。當他吸氣時，一邊把手向外移；吐氣時，手則跟著肚子往脊椎壓，就像風箱一樣。

吉莉安照做，接著第二次、第三次，整個過程中都在想：為什麼？

「好，」教練說，「不錯。不是很棒，但不錯。」

「我的第一個拳擊教練教了全套拳擊技巧：如何閃躲、佯攻、擋格和不同的出拳攻擊組合等等，然而這些都不重要，我都可以自己從書上學到，而且那時候也早就會了。但他教會我兩件事，不僅拓展了我的視野，也將我的比賽提升到了全新境界。

「他教會了我午睡，也教會了我呼吸。」

「午睡。」吉莉安重複。午睡？喔，她很了解午睡，也的確是很棒的獲勝策略，特別是當她可愛的小波太累、體力達到極限時很有用。吉莉安快要抓狂了。

「我知道妳在想什麼，」教練說，「午睡是一件妳孩子太累時能做的事，可以讓妳休息一下。」

吉莉安吸了一口果汁，什麼也沒說。

「但我的教練教會我的是，短暫午睡片刻是擁有平穩脾氣的祕訣，也是健康與長壽的祕訣。他說就算中午只睡個十分鐘，也能延長你的壽命十年。從那時起，我每天都會這麼做。」

「我知道了。」吉莉安說。嗯哼，她現在可以預見之後的狀況了：米拉貝爾，接下來十五分鐘幫我擋掉電話，吉莉安小朋友要睡覺了。

教練繼續說：「他也教會了我們『呼吸』。真正的呼吸，是從橫隔膜開始，這樣能夠排出所有舊空氣，讓更多新鮮空氣加入。這也是在舞台上表演亮眼的關鍵，因為我的教練也訓練過歌劇聲樂家。」

「真的啊？」吉莉安說。

「所以，」教練說，「妳知道這兩者的真正目的是什麼嗎？午睡和正確的呼吸方式？」

「補充氧氣？讓身體更健康……我放棄。」

「是控制。不是由外界施加的那種強迫控制，而是真正的自我控制，只能由內而外發出。」

吉莉安把果汁放下。這是他們坐下以來，他第一次說出能引起她興趣的事情。

「控制？要怎麼做？」

「妳看過選手在場上失控、發瘋、對裁判大吼，甚至還丟掉球棒或球拍的嗎？」

吉莉安的確見過，而且誰沒見過呢？

「聰明的選手就不會這樣做。就算是在拳擊場上，在這個以參賽者互相痛揍對方作為主軸的運動中，你永遠不能失去冷靜。因為你上場不是為了失控，反而是為了達成相反目的。因此，你需要深呼吸，要從內心控制自己，而這正是有效說服力的關鍵。你不能失去冷靜，反而需要找到自己的冷靜，所以才要呼吸。」

他喝掉最後一大口芹菜汁，把杯子「砰」的一聲放在桌上。

「就這樣，得走了。」他站起身來，「妳明天早上還會過來嗎？」他離開吧檯，大步踏向門口，吉莉安也跟著他。

「還有其他的？」

「還有其他的。」

「你說過能在五分鐘內告訴我你知道的一切。」

他停下，轉過身並舉起一根食指。

她皺眉，開始回想。他說過什麼？或者至少一根手指頭的價值。「喔，對。」

他笑了，「我們姑且稱之為五分鐘一個祕密吧。所以……」他再次舉起同一隻大大的手，這次伸出了五根手指頭。「明天再五分鐘？」

說完，他人已經走出門外。

呼吸，還有午睡。吉莉安想，套句小波會說的話：「真驚人。」至少她上班不會遲到了。

當她離開熱鬧街的最後一棟建築物時，吉莉安．瓦特斯決定，這是她第一次造訪果汁廚房，也會是最後一次，她之後會留個訊息給教練以表達她的歉意。

她這周已經有夠多的雞蛋要保護了。

※

等前面三個人都點完他們的外帶餐點後，傑克森．希爾站在瑞秋的知名咖啡點餐櫃台前，問咖啡師是否知道韓蕭法官的辦公室在哪裡。

這名年輕女子大笑，「我知道，這真是個很妙的主意，就在那邊。」她指著傑克森肩膀後方，他轉過身，朝她指的方向看去，是一張位於角落小小的圓桌，坐著一位身材纖瘦、有著深褐色頭髮的女人，正是法官本人。

他回頭看見咖啡師的名牌上寫著「荷莉」，說：「謝謝妳，荷莉。」

「我的榮幸。」荷莉說。

他一邊走向角落圓桌，一邊打量著四周裝潢。這個地方裝潢簡約而優雅：天然深色木質色調搭配柔和燈光，一塵不染，牆面有如高級藝廊一樣，裝飾著令人驚豔的美麗寫真。所有的照片都採藝術感的黑白色調，主角是不同年紀的孩子們，很有氣氛。

「歡迎來到法官的辦公室。」當他靠近圓桌時，那個低沉的嗓音說，讓他聯想到五〇年代一位知名電影明星——洛琳·白考兒？凱瑟琳·赫本？

他剛在法官對面坐下，一名服務生立刻出現為他們點餐。法官點了三個可頌，兩個菠菜起司口味、一個杏仁口味，還點了一壺黑咖啡。傑克森則點了燕麥粥。

「好，」她說，「自然協商。」

「沒錯。」他說。這女人還真是直指核心。

「自然協商是一種合約。在我成為法官之前，自然擔任過多年的律師……」

「喔，對！」傑克森說，他從沒想過這點，但每個法官一開始的確都先從律師做起（**譯註：美國體制中，法官多為律師出身，幾乎都有律師資格和實務經驗**），不是嗎？

「就像毛毛蟲變成蝴蝶一樣。」他開玩笑地說。

「毛毛蟲變成蝴蝶，有意思。」法官說，並微微一笑。「因此，我自然會以合約及條款方式思考。」

「好。」傑克森說，「你要跟另一方簽訂合約。」

「不，先別想得太遠。自然協商是一份你和『自己』簽訂的合約；在你和自己成功達成意見一致前，是沒辦法和別人成功達成意見一致的。每一場爭論都最先始於你與自己的爭辯。」

服務生再次出現，一一放下他們的餐點。傑克森很感激他們的談話被打斷了，因為他需要一些時間消化她剛才所說的話。

每一場爭論都最先始於你與自己的爭辯。

法官開始大口吞下第一個菠菜起司可頌，或許是因為她也感覺到傑克森需要時間消化一下，當然也可能只是餓了。過了一會，她用餐巾紙擦了擦嘴巴，並喝了一口咖啡，繼續說話。

「在任何合約中，第一項條款會出現在首位是有原因的：它要替之後的一切條款打下基礎。如果你在第一項條款就無法取得共識，剩下的通常也會糾纏不清。

「在自然協商的合約中，第一項條款就是：**掌控你的情緒**。」

她停下來喝了一口咖啡，再繼續說話，有如律師起身準備發表長篇大論。

「在處理衝突和分歧時，最重要的第一步，就是先把情緒放在一旁。不用否認，也不用壓抑。你還是可以『擁有』情緒，不需要去改變它，甚至是嘗試去改變。只要暫時把情緒放到一旁就好，這樣理性的判斷就會勝出。」

「好。」傑克森說，「我想我理解了。」

法官看著他，「好吧。」又喝了一口咖啡，然後說：「幫我個忙，請跟我仔細說說你周五的會議。從頭開始。」

傑克森點點頭。「好。」他開始描述那天和瓦特斯小姐之間的見面，包括她叫錯他的名字；一直低頭看手中文件而不看他；她發出的幾句簡短評論讓他感覺受到冒犯：是個不錯的創業企業家，公司名稱有點與眾不同——他的臉紅了。他把燕麥粥推到一旁，手肘靠在桌上，講話時用拳頭撐著頭。反正他也不餓，整個周末都沒怎麼吃東西。

「你不開心。」法官說。

「大概吧。現在提到這些的話，沒錯。」傑克森說。「但那個時候，我還滿冷靜的。」

「我相信你是，」法官說。「外表看起來是。那你的內心又是什麼感覺呢？有需要的話，你可以閉上眼睛回想。」

傑克森閉上眼睛。瓦特斯小姐說：但你得知道，我們是全國性連鎖店。這對我們的消費者公平嗎？傑克森想要對她大吼：「這是在明知故問嗎？」

傑克森張開雙眼。

「我大概真的滿生氣的。」

她放下咖啡杯，看著他。「第一項條款不是要你假裝掌控自己的情緒，而是真的掌控情緒。不是『看起來』冷靜，而是『真的』冷靜。」

她又暫停，開始吃起第二個菠菜起司可頌，而傑克森又開始攪他的燕麥粥。

她問：「告訴我，上次有人超你車是什麼時候？」

事實上，二十分鐘前才剛發生在傑克森身上，就在他要進市區時。

「那你是怎麼反應的？」她問。

「嗯，」傑克森說，「我罵了幾個不是很好聽的詞，不太想再重複一次。」

她的雙眼中閃爍著笑意。「讓我猜猜，你的聲音還很大聲？」

「喔，當然。」傑克森說。「非常大聲，我都懷疑我的擋風玻璃怎麼沒有被震碎。」

現在她真的開始大笑了，傑克森也有了微笑。

「好，」她說。「那你記得那時候有什麼感覺嗎？」

傑克森記得，而且很清楚：腸胃糾結、心跳加快，臉上好像快燒起來一樣。他向她敘述了這種感覺，而且在敘述過程中也再次經歷了同樣的感覺。

「如果我告訴你，」她說，「其實那個駕駛剛得知自己的小孩正被送往醫院，情況十分危急，所以他正趕著盡快抵達醫院呢？」

「但妳又不知道。」傑克森抗議。

「沒錯，」她同意，「我是不知道，但你也不知道。事實上，你完全不知道那位駕駛發生了什麼事。你的行動並非依據真實發生的事實，而是純粹依據自身感覺所做出的反應，但這種感覺並不太可信。」

「他可能會害死我們兩個！」傑克森說。

「但他沒有。」法官說，「他超了你的車，而根據我們所了解的證據，發生過的事實到這邊就沒有了。更重要的是，『你』做了什麼。」

「什麼意思？『我』做了什麼？」

「你把自己的想法吼了出來，聲音大到可能會震碎擋風玻璃。」她笑著說。「你在車上大吼出自己的情緒，而在那場會議中，你也無聲地對公司和瓦特斯小姐大吼，在腦海中大吼——無論如何，都算是大吼。也就是說，你失去了控制，『你』才有可能害死你們兩個。」

傑克森沉默不語。

她把手搭在他的手臂上。

「傑克森，你可以『擁有』情緒，甚至也不需要去改變它，第一項條款所說的只是把情緒放到一邊。它們也可以一起上路，但必須坐在乘客席上，因為如果你讓自己的情緒握住了方向盤，就跟酒駕沒什麼兩樣。」

法官又從壺中倒了一些熱咖啡。

「當你在尖峰時刻開進市區時，」她說，「你聽到什麼？各種吵雜刺耳的喇叭聲，這就是都市特有的招牌聲音，對吧？」

傑克森點頭。

「那些情緒，就像在開著這些車一樣。」她悲傷地搖了搖頭，「難怪這個世界需要法官跟仲裁人，到處都充滿了衝突，老天保佑。不過會出現這個情況也是完全可以理解的，這就是我們被困住的方式：爭執、逃離，或是僵持不下。」

過了一會，傑克森說：「如果這就是我們被困住的方式，那該怎麼做？」

她微微一笑。「我們可以重新再綁一次。科學家稱之為神經可塑性**（譯註：神經可塑性（Neuroplasticity）是指重複性的經驗可以改變大腦的結構，由Richard J. Davidson 在一九九二年提出）**，我則稱之為……嗯？」她對他挑挑眉，好像在說：你覺得答案是？

「掌控你的情緒。」他說。

她微笑道，「重新訓練你的預設反應需要時間。你需要時間和不斷重複練習，但這很有用。每當你成功不受情緒干擾而做出回應時，會敲動自己內心的心弦，就好像在吉他上彈著低音E弦一樣。你會感覺到一種『真實感』，這種感覺說著：**這就是我，真正的我。這就是我在這個世界裡的模樣**。這也會改變你的大腦，一次一點，慢慢能夠重新綁出新的連結，開闢出新的道路。

「不久後，就能把冷靜變成你的預設反應。做到的話，你也能變得更像『你』。」

當傑克森正在思考這段話時，法官安靜地開始把最後一個可頌消滅掉。

「所以，這就是第一項條款。」傑克森注意到，「之後還會有更多條款，對嗎？」

「對。」她用餐巾紙擦擦嘴，然後說，「我們明天再見嗎？就在這裡，同樣時間？」

傑克森突然又感到臉紅了。

不知怎地，他一直到這一刻才想到：這是場專業諮商。他當然會需要為諮詢時間付帳，他怎麼會沒想到這點？他們已經交談了快一個小時，現在她還說明天要繼續？他已經上了一堂，抽身已經來不及了嗎？當然太遲了。沃特會怎麼做？傑克森非常了解他會怎麼做：他會等法官說出一個數字，然後使出他的大驚小怪策略。他可以這樣做嗎？這個想法讓他胃痛，但他還能怎麼辦……

「你在酒駕嗎？」

「什麼？」傑克森抬頭看向法官，她靜靜坐著並看著他。有那麼一會兒，他完全不懂她在說什麼。最後，他皺著的眉頭放鬆了，成了一個綿羊般的微笑。

喔，對，「情緒完全不在乘客席上。」他說。

「看來是這樣。」她同意。

「所以沒那麼冷靜，好像。」他說。

「好像是這樣。」

他們兩人都笑了。

她再次以手輕輕碰觸他的手臂，「你可以『擁有』情緒，傑克森。」她又說了一次。「你甚至不用改變情緒，只要別讓它們握住方向盤就好。」

「好。」傑克森說。

「所以，我剛剛問你說明天要不要再次和我見面，你產生了一種我判斷為心血管相關的活動。我能問問是什麼……？」

傑克森深呼吸，再把氣吐出來。「我當時在想……嗯，妳的諮詢費。我不知道費用有多少，不確定自己是否負擔得起。我是說，我當然知道今天需要付錢，但……」他尾音漸弱。

在確定他沒有其他要補充之後，她點點頭並說：「傑克森，如果要收諮詢費，我一開始就會說了，但這次會面是公益性的。」

傑克森的臉垮了下來，他的情況有這麼糟嗎？「所以我現在成了慈善救濟對象？」

「不是救濟，是『公益』。你知道是什麼意思嗎？」

「意思是免費的。」

她略微惱怒地搖了搖頭，「我真希望他們不要這樣解釋這個詞。實際上來說，是這樣沒錯，但這並不是這個詞真正的意思，會讓人混淆。公益一詞的意思是『為了公眾利益』。

「免費提供服務和做好事不同，前者只是『不收取費用』而已。無論有沒有收取費用，我做的所有工作都是公益性質——當然我也曾收過高額的費用。傑克森，這樣好了，你就把我們見面的時間當作是我在替我丈夫所養的貓表達謝意。」

「喔！」傑克森說，「好，謝謝妳。我是說，不客氣……應該說，牠們不用客氣。」他喝了一口水並深思了一下，再次看向她。「所以妳的力量只用在做好事嗎？就像超級英雄一樣？」

她看著他許久，「沒錯，你說得完全沒錯，傑克森。就像超級英雄一樣，就像你。」

傑克森差點被水嗆到，「妳說什麼？」

「看看你做的事，」她說。「看看你的客戶，那些毛茸茸的天使們。看看那些因你照顧動物的心意而受到影響的人們。」

傑克森嘆氣，「動物，我很了解，但是人類我卻搞不懂。」

她又再一次將手放到他的手臂上。「我們每一個人都是超級英雄，傑克森，每一個人都是。這是我們天生的才能，只是我們大部分人都不明白這一點。」

那天晚上，當傑克森上床躺好後，索羅門也安頓好自己（躺下前強迫似的慢慢轉個四、五圈）。傑克森拿出他帶了一整天的小記帳本，他原本打算開始整理出每個客戶的存貨數量及補貨日期，以便他逐漸開始「優雅地退出」客戶商店。

紙上還一片空白。

他在封面上仔細考慮了一陣子，然後寫下了標題：

我和自己的合約

他翻開第一頁並寫下：

1. 掌控你的情緒

把你的情緒放在一旁。你還是可以擁有情緒，甚至也不需要改變，只要先將情緒暫時放在旁邊就好。別讓情緒掌握方向盤，要讓理性判斷坐上駕駛座，情緒則坐在乘客席。

重新訓練自己在不受情緒干擾的情況下，對衝突與爭執做出反應。讓冷靜成為你的預設反應。

他又想了一陣子，接著大聲自言自語。「還要記住：每一個人都是超級英雄，無論他們自己知不知道。」

索羅門現在已經半睡半醒，吐出一大口氣，並說：「汪。」

7 站在對方立場思考

星期二早上八點鐘，吉莉安．瓦特斯又站在熱鬧街盡頭的人行道上，瞪著那塊仍然寫著「果汁廚房」的招牌。妳瘋了，吉莉安！她對自己說。

她推開門。*無論瘋不瘋，我還是進來了。*

「妳回來了。」教練說。

「你很驚訝？」吉莉安說。

「有一點，」他承認。「我們昨天分開時，我感覺到一點點的……姑且稱之為合理的懷疑。」

「嗯哼。」吉莉安說，盡量保持臉上表情自然。

「梨子、甜菜根、薑，嗯……還有鳳梨和濃縮能量。」她告訴櫃台後方的年輕人，今天先不點義式濃縮咖啡。

「是什麼讓妳改變主意的？」教練說。

「幾次深呼吸。」吉莉安說。

教練低聲輕笑，接著對櫃台的人說：「芹菜。」

吉莉安不是在開玩笑。在他們昨天的對話結束後，她在工作中間稍作休息時，把手放到肚子上，做了幾個緩慢的深呼吸。她突然想到，自己在上周五與傑克森．希爾見面時，她不記得自己有好好深呼吸一次過。

她沒提到的是，她的思緒一直飄回他們周六首次見面時，教練那間小小的辦公室，尤其是那幾面牆和那些黃金手套。他是個鬥士，她想。她喜歡這樣，這讓她覺得他們有相似之處。

但這並不是讓她回心轉意過來再次品嚐現榨果汁的關鍵，真正的關鍵是教練那面牆上的照片，合影對象都是對社會影響力甚深的棟樑。如果那個男人接觸的對象都是這種人，那她承擔不起「不聽」他說話的後果。

當他們在吧檯最後面的位置坐下後，教練又喝完了他大部分的果汁（「芹菜汁就是要在前六十秒內喝最棒」），接著放下杯子，伸出兩根手指。

「獲勝策略的第二個祕密，妳準備好了嗎？」

她點點頭，準備好了。

「傾聽。」

「傾聽？」

「傾聽。不只是用耳朵聽，要用妳的雙眼去聽，用妳的姿勢去聽，用妳的後頸去傾聽。」

「用後頸去傾聽。」她重複道，同時又覺得很可笑，想著他會不會再說一次「讓我看看」。

他歪頭打量了她一會兒。「當我說『拳擊』時，妳會想到什麼？」

「有人打拳。」

「打拳……好。」他舉起玻璃杯，把最後一口果汁喝完。「我有個朋友，他是前特種部隊狙擊手。妳覺得他花在什麼訓練上的時間最多，才能達到神乎其技的境界？」

「射擊。」

教練點頭。（現在又是什麼情況？吉莉安感到疑惑。）

「那執行長，這個要為大型企業數百名、甚至數千名員工負責的人呢？她一整天都在高層辦公室裡做什麼呢？」

她一整天都在高層辦公室裡做什麼呢？這句話讓吉莉安的手臂和後頸不禁起了一陣雞皮疙瘩，他是在描述未來的吉莉安．瓦特斯嗎？（他到底是怎麼做到的？）

「她會做出困難的決策。」她回答。

「啊哈，」教練說，「妳當然會這樣想，但事實並非如此。」

「不是嗎？」吉莉安說。

「不是。拳擊有趣的地方就在這裡：這個運動絕大部分其實都跟打拳無關。拳擊大部分時間都花在觀察對方上，去感覺他的下一步要做什麼，甚至是感覺他『在想著』要做什麼。」

他停頓，好像在等著吉莉安補充些什麼。

她也的確開了口，「所以要用你的後頸去聽。」

「沒錯。同理，用步槍射擊也只是專業狙擊手在戰場上實際工作的一小部分而已。他大多數時間會花在偵查與觀察上，因此，大部分的訓練時間也是花在精進這些技巧，而不只是槍法。

「至於執行長呢？沒錯，妳是會做出困難的決策、簽下金額龐大的支票，或是採取大動作。但如果妳是個聰明的執行長，妳大部分時間要做的是**觀察目前情勢**，無論是妳的公司，還是其他公司；主要市場動態，或是其他市場動態。觀察這個世界正在發生什麼事，或是有什麼事情即將發生。」

「所以要傾聽，」她補充，「用後頸去聽。」

教練再次歪了下頭，接著舉起他空無一物的玻璃杯，輕輕敲了一下她的。敬妳敏銳的領悟力。

「許多人在說服他人時最常犯的錯誤，」他說，「就是認為應該利用自己腦中的想法去說服他人；然而，大部分正向說服力的方式卻是去傾聽『對方』腦中的想法。」

吉莉安回想著她和傑克森．希爾的會議。那個人腦袋中在想什麼，對她仍是一個謎。

「但對方有時候非常……不透明，」她說，「你要怎麼去『了解』？」

他看著她，吐出兩個字。

「傾聽。」

她嘆了口氣。

「最有能力的領導者，」他說，「就是最會傾聽對方的人。這也同樣適用於最有能力的老師，還有最有能力的父母，他們都是傾聽的專家。」

哇，好痛。她在面對小波時也是「傾聽的專家」嗎？她認為她是……她希望她是。

「得走了。」教練說，然後他起身走出門外。

當吉莉安回神並起身離開時，她腦中有了個想法：或許他其實完全不會讀心，他只是非常、非常懂得傾聽。

※

幾條街外，瑟莉亞・韓蕭法官點了一份加了切塊蘆筍、菲達起司、蒔蘿和青蔥的義式烘蛋。

「燕麥粥。」傑克森這麼回答服務生。

「你確定不要其他東西？」法官問。咖啡壺早已擺在她面前，她為自己倒了一杯滾燙的咖啡，不忘朝著另一個空杯子點點頭，要倒一杯給傑克森。「這會是你喝過最好喝的咖啡。」

傑克森舉起一隻手拒絕。不用，謝謝。

「義式烘蛋呢？」她問，「可頌？乾吐司塊和一杯水？」

他笑了，「不用了。」

她喝了一、兩口那味道最棒的咖啡，越過杯緣看著他。「口味簡單的男人。」

傑克森臉紅了，並聳聳肩。

「在我們開始第二項條款前，」法官說，「告訴我，在你和瓦特斯小姐的協商過程中，你是否了解自己冒著什麼樣的風險？有深刻的認知嗎？」

傑克森聳聳肩，「當然有。我是說，大概吧。」

她做了一個「請說」的手勢。

「嗯，風險基本上就是我公司的命運，我是否能一如往常地繼續走下去，還是能夠大肆擴展事業版圖，或是……關門大吉。」

她點頭。「好，我了解了。現在，『她』又冒著什麼樣的風險呢？」

他直瞪著她。

吉莉安．瓦特斯的風險？他甚至沒想過要問自己這個問題。現在他試著自問，腦袋卻一片空白。

「啊，你的認知大概還沒那麼深刻。」

傑克森又想了一會，看著他的燕麥粥，接著再次抬起頭看向她：「哇！」

「我知道，如雷貫耳。多年以來，我聽過無數案件，至少上千件案例，雙方從沒思考過為什麼對方會出現在法院裡。我是指，『他們』上法院的原因。

「也因此，在自然協商合約中，第二項條款就是：**站在對方立場思考**。拋開你自己的想法、自己的擔憂和自己的問題，站在對方的立場思考，試著努力了解對方的背景，他們又冒著什麼樣的風險。以他們的眼光看這個世界，這絕對和你自己的眼光不一樣。

「換個面向思考，絕對有所幫助。如果你不這樣做，就會像閉著眼睛開車穿過這個城市一樣。你知道自己希望抵達的目的地，卻絲毫不了解路上會遇到什麼情況。老實說，這樣能安全抵達目的地的機會微乎其微。」

傑克森想像著她所敘述的畫面，聽到嚇人的喇叭聲、大吼聲，還有金屬和塑膠的碰撞聲。「一場大混亂。」他接著又補充，「閉著眼睛開車甚至比酒醉駕車還危險！」

她大笑，吐司上的奶油和蜂蜜也跟著大笑。「說得真好。」

義式烘蛋送來了，法官開始埋頭大吃。咬下第一口後，她閉上眼並說：「我的天，這個女人真是個藝術家，難以置信。」

他們在毫不尷尬的沉默中埋首大吃了一分鐘左右，接著法官又開口：「你聽別人說過『房間裡的大象』（**譯註：**Elephant in the room，**英文俗諺。意即問題十分明顯，卻因為過於麻煩而讓大家避而不談**）嗎？」

傑克森對這個比喻很熟悉。

「問題不在於大家面對重大議題時對之避而不談，而是他們原本看見的那隻大象本來就不是同一隻。」

「真的嗎？」傑克森說，「怎麼會這樣？」

她滿意地看了一眼面前的空盤，用餐巾紙擦了擦嘴，放到盤子後看著傑克森。

「我們每一個人都會透過不同的有色眼鏡來看待這個世界。」她說，「有我們自己的信仰系統和個人的世界觀。通常我們自己不會發現這點，卻期待其他所有人都能和我們抱有相同的價值觀；當然他們不會如此。你知道市中心的那個公園嗎？」

傑克森點點頭，他和索羅門常常會走一段長路散步，並穿過那個公園。

「你有注意過那座大象雕像嗎？」

「我很喜歡。」他說著，並再度點頭。在公園的正中心有著一座巨大的大象雕像，四周圍繞著四個盲人，他們的手分別碰觸著大象的不同部位：一個人摸腿、一個人摸尾巴、一個人摸身體，另一個人則摸著象牙。「我都稱之為『盲人摸象』。」

她大笑。「沒錯。當這四個人分別向彼此描述這個龐然巨物時，每個人都認為其他人一定是瘋了，自己對大象的印象才是對的。在我還是律師時，我成了賓達的代表律師，而他就是委託建造那座雕像的人。」

賓達！傑克森想著。哇！他沒怎麼在追蹤商業界的消息，但就連他都聽過這個人的大名，每個人都聽過賓達，稱他為「眾人之良師」。

「當我初次前去面試他的代表律師一職時，」法官繼續道，「他帶我吃了一頓外帶午餐。我們就坐在雕像對面的長椅上吃著午餐。他告訴我：『在面對衝突或紛爭時，大部分溝通上的努力，就有如盲人試著說服他人以相同方式看大象一樣徒勞無功。』這一堂課，我永遠不曾忘記。

「如果一件事有不同的解讀方式，我可以向你保證，兩個不同的人絕對會以不同的方式解讀，有時候甚至差異**極大**。這樣的差異讓彼此幾乎不可能進行真正的溝通。」

她的話讓傑克森想到他看過的東西。「就像蕭一樣。」他喃喃自語。

「嗯？」法官說。

「蕭伯納，」傑克森說。「他說過：什麼是溝通中最大的問題？就是溝通本身所產生的幻象。」

她再次大笑，傑克森也短短輕笑了一下。「但老實說，」他補充，「我覺得這聽起來令人有點沮喪。」

「沮喪？怎麼會？」她說。

「就像妳說的，這代表了真正的溝通不可能存在。」

「是『幾乎』不可能，」她糾正道。「然而，正是在『不可能』與『幾乎不可能』中間那道縫隙中，我們才能夠漫步其中，並找到彼此的共同之處。這也是個值得探索的刺激領域。以你為例：當瓦特斯小姐說他們想要獨家銷售你的產品時，你覺得那代表了什麼意思？」

「代表我要透過她的公司銷售產品，」傑克森說。「其他地方都不行，因為是『獨家銷售』。」

「她有說過是百分之百獨家銷售嗎？」

「她是沒有明確說出百分之百，但這不就是『獨家』所代表的意思嗎？」

「我不知道，是這樣嗎？」傑克森什麼也沒說，她繼續說道，「而且，她有說『必須』是獨家合約嗎？」

「沒有明確地說。」他說。「但……他們覺得我是弱小的競爭者，他們不在乎我的其他客戶。他們不將那些人視為人、視為我花上多年認識的朋友，只將那些人視為……圖表上毫無關係的銷售點，一個待解決的算數問題而已。」

他感到自己臉頰再度發紅。*現在是誰在開車，傑克森？*

「啊。」法官說，「那你怎麼知道這些？」

「嗯。」他開了口，接著又停下。*他怎麼知道這一切都是真的？*

事實真的是這樣嗎？

「在你們會議結束時，」法官說，「如果我記得沒錯，她建議你回去和客戶談談，看看『有什麼辦法』。她又是什麼意思呢？」

「她的意思是他們要我……」他又再次停下。「優雅地退出未來承諾」是瓦特斯小姐說過的話，但到底是什麼意思？她提的是毫無談判餘地的條件嗎？獨家銷售真的就代表……獨家嗎？

他毫無頭緒。

法官溫柔地開口，「你說他們視你為……我假設你的意思是，瓦特斯小姐視你為弱小的競爭者。告訴我，你又視她為什麼？」

傑克森想到那場被延誤了數周的會議……在接待室多等了十一分鐘……還有終於進到她的辦公室後，她卻連抬頭歡迎他都沒有。

「說真的？我視她為一個冷酷、毫不在意……」

那個女孩——她辦公桌上的那張照片，那個女孩和那隻貓，還有那雙眼睛。

「她似乎有個女兒。」法官什麼都沒說，只是聽著。「一個小女孩，有著我見過最嚴肅的雙眼，看來在她短短的生命中，好像經歷過某些悲傷時刻，而且和她的貓很親密。還有，真漂亮——我是說那隻貓。」他補充，法官點點頭。「是俄羅斯藍貓，牠們是很美妙的動物，非常聰明、敏感又害羞，也很低調。但牠們會和親近的人有著很深的羈絆，有些人稱牠們為大天使藍貓，看得出來為什麼……」他尾音漸弱。

「那你怎麼看她？」過一會，法官又問。

他看著她，「大概，是一位母親吧。」他緩緩地搖了搖頭，「也是個強悍的商業女強人。」他默默地笑了一下。「這大概就是我所知道的一切。」

她點頭。「好吧，傑克森．希爾。聽起來，你還需要多學習如何站在對方立場思考。」

8 高層辦公室

正當傑克森踏出瑞秋的知名咖啡，站在人行道上凝視著雲朵，想著剛才法官所說的話的同時，吉莉安到了公司大樓並走進接待區，米拉貝爾剛掛上電話。

「高層辦公室說有時間見妳。」她說。

「什麼時候？」吉莉安說。

「現在。」

完全沒有事先通知。好，吉莉安，呼吸，傾聽，用妳的後頸。這個想法讓她緊張地笑了出來。

茶水間裡的謠言說公司會在周五下班後宣佈資深副總裁離開的消息。毫無疑問地，他會正式啟航退休生活，開著香檳、到處吹著紙卷口哨大肆狂歡慶祝，而公司也會激烈討論各個繼位候選人的優缺點。如果吉莉安想要拿到資深副總裁的頭銜，她需要在星期五的下午五點前贏得這個客戶——也就是三天後，而她非常希望自己能進入候選名單。

她走到長廊盡頭，停在門外，把手放到門把上。

深呼吸。

當她進去時，他正看著桌上的一疊紙，沒有抬頭。她等了整整一分鐘，直到他似乎才終於發現她在那裡。

「坐、坐。」他說，隨意揮了揮手。他的注意力又回到那堆紙上，接著緩慢地搖了搖頭，吉莉安坐在辦公桌邊角旁的椅子上。

他對著資料喃喃自語，並拿著筆開始在上面畫線。「不。」他低聲咒罵，點著每一條畫過的線說著否定詞，「不、不、不、不，還有……」他的最後一聲「不」帶著一錘定音的勝利感，加上手中的筆桿堅定地一點，「不。」

他把筆放下，抬頭看向吉莉安。

「有什麼事？」

她進來這間辦公室充當他展現「高層權威」的觀眾已經有多少次了？至少也有十幾次，甚至二十次。但她從來無法習慣，從來無法找到方法讓自己放鬆一點，從來無法在開口說話時，有不會結巴的自信。最後她當然是沒有結巴，但是說真的，凡事都會有第一次，對吧？

「是的，是關於傑克森．希爾的案子。」

他凝視著她，像一隻禿鷹正在想像粗心老鼠的命運一樣。他點點頭，「赤裸的天使。」他發音時還特別加重ㄔ的音。

「毛茸茸天使。」她說，接著馬上暗罵自己糾正他的行為。那只是個笑話，她告訴自己，他只是在開玩笑……雖然她在那雙藍眼中沒有看見一絲笑意。

「想法傑出，有強烈潛力，也是很好的品項。有什麼『問題』嗎？」

吉莉安盡可能地以簡潔（且毫不結巴）的方式解釋傑克森希望在籌措拓展連鎖「廚房」的資金時，能爭取到他們的背書，這樣他才能……

「他為什麼需要這個？」他的聲音有如銳利刀刃般切斷了她的未竟之語，「我們可以將他的產品運至各地，費用只是九牛一毛。我們早就擁有他所需要的全國銷售相關配備。」

「是因為新鮮度的關係，」吉莉安解釋，「採用當地資源。我的意思是，這正是他產品的主要核心，老實說，這也對動物更好。」

資深副總裁盯著她，不發一語。

正當吉莉安覺得他的盯視久到讓她懷疑自己是否錯過了什麼，他其實正在等她回答時，他緩緩向後靠向椅背，雙手交握，細不可聞地笑了一下。

「妳知道，據傳有個職位很快就會空出，大概就在這裡。」

「我聽過這件事，」她說，「我盡量試著不要聽信謠言。」

「是嗎？」他咕噥，突然露齒而笑，接著點點頭，那副笑容也突然地消失。「很好，瓦特斯。」

她完全不懂那是什麼意思。

資深副總裁微微地揚了揚手，那個手勢好像在說：無論是什麼問題，想辦法解決就是了。「看妳怎麼做能讓希爾先生改變主意。他不需要更多『廚房』，而是銷售管道，而我們握有這個。」

「了解。」

「瓦特斯，這是個很好的品項，潛力很高，會成為我們寶貴的資產。」

她向銷售資深副總裁道謝後，離開了高層辦公室，並沿著長長的走廊回到她自己的辦公室。吉莉安．瓦特斯腦中只有一個想法：

那會是三十年之後的我嗎？

※

「當然，沒有問題。十點鐘，好，謝謝妳，瓦特斯小姐。」傑克森・希爾按掉電話，並放下手機，皺了皺眉頭。另一次會面？這麼快？

接下來一整天，傑克森都在擔心這件事。他試著不去想，但這就像用舌頭去舔發酸的牙齒一樣：他沒辦法控制自己。

當晚，他一坐下來吃晚餐，沃特立刻將這件事挖了出來。這筆生意進行得如何？爸，進行得還不錯。真的？聽起來沒那麼順利。今天發生了什麼事？好吧，他今天接到通知，要再見一次面；不是周五的會議，那個會議還是會進行，這個則是臨時決定的會議。為什麼？傑克森不知道。一定發生了什麼事。

「當然是發生了一些事。」沃特說。「她和高層辦公室談過了，就是這樣。她現在要把你逼入絕境，哈！」他為自己的笑話笑了一聲。

「要知道。」他說，接著放了一口食物到嘴巴中，上下顎開始動作。

這是沃特最愛的溝通把戲之一。他會以三、四個字作為開頭，像是「要知道」、「重點是」或「雖然是這樣」，然後就會震懾全場。無論他停下來多久去吃東西、喝東西或做其他事，你也不能說話，因為如果你說話了，就是在干擾他。

傑克森繼續等待。

「要知道。」沃特在吃了一、兩口後，又說了一次。「你告訴她你不需要他們公司的實質支持，只需要他們的背書。這是技術性的錯誤，你不能告訴他們你真正想要的東西是什麼，這無疑是自殺。

「你需要使用權衡妥協策略。你得告訴他們你需要什麼；你必須擁有、無法妥協的明確『需求』是什麼，但其實提出的比你真正尋求的東西還要更多。你想要得到月亮嗎？那就告訴他們你需要整個太陽系，少一點都不行。因為你知道他們會說：『聽著，我們無法提供太陽系，最多只能提供地球。』而當他們這樣說時，你就可以帶著慷慨而和善的表情說：『嘿，我也想跟你們合作。讓我們彼此都分擔一點吧，你們只要也把月亮投入，釋放一點善意，我和我的人就會想辦法解決沒有其他星球的情況。』你讓他們覺得你也退了一步，但實際上，你略施小技，讓他們給了你一開始就想要的東西。」

傑克森說了一些介於同意和爭辯之間的話，但這不重要，因為沃特沒有在聽，他嘴巴嚼著食物，眼神渙散地看著某處。傑克森知道這個表情代表什麼，他正在回憶自己過往的輝煌時光。

「接著是延遲推緩策略。」他繼續說，「你要找理由來讓過程持續進行，但要慢慢地、走一步絆一步地。同時，你也要盡可能等到最後一秒，才提出你最大的要求。當你吊著一個人的時間越久，他們越容易覺得自己投入許多，也就更有可能屈服於你最後一刻提出的要求，無論這要求有多不公平。『我真不敢相信他們竟然在最後一秒搞出這種狀況，可是我為了拿下這個案子，已經努力了六個月，不能白費這些時間、精力和努力。』所以他們就會屈服。」

現在，他重新聚焦到傑克森身上。

「當然，這只有在你有辦法投入時間資本時才有用，但是現在你不行。事實上，聽起來她已經在你身上用了延遲推緩策略，所以忘了這個策略吧。」

他再次叉入一口晚餐，咀嚼，然後吞下。

「你的情況很緊張。」

叉一口，咀嚼，吞下。叉一口，然後他把叉著食物的叉子指向傑克森。

「你需要的是抽身而退策略。你已經清楚表示自己的條件十分優渥，如果他們無法接受，你就得抽身而退，就算要取消這筆交易也沒有問題。當然，你完全沒有要取消的意思，但他們不知道。」

「我不確定這是否有用，老爸。」傑克森大膽地說。「如果我威脅他們要抽身而退，他們大概就會直接讓我退出。」

「聽著，」沃特說。「他們想要你的生意，如果他們不想要，就不會有這次會議。你以為他們讓你別無選擇，但是兒子你錯了，你才是處在有利位置的人。他們才不會天真到要求你從本地擴展到全國規模，卻以為自己不需冒上任何風險。哈！他們只是在裝模作樣。你是對的，傑克森，不要認輸，為你想要的東西而奮鬥。」

*你是對的，傑克森，為你想要的東西而奮鬥。*傑克森在床上坐了起來，想著他與沃特之間的對話，和他與法官之間的對話有什麼差異之處。神奇的是，他們分享了一件相同的事。

他們都清楚地指出，傑克森毫不了解瓦特斯小姐心中在想什麼。

他拿起了從前一天開始記錄的記帳本，並看了看封面。

我和自己的合約

他讀了讀自己寫下的第一項條款，接著翻到下一頁空白頁，寫下：

2. 站在對方立場思考

拋開你自己的思緒，站在對方的立場思考；透過他們的眼光來看這個世界。試著努力了解對方背景，他們又冒著什麼樣的風險。

他把記帳本闔上，並放回床頭櫃上。

換位思考，絕對有所幫助。她說。

他希望自己能在明天面對瓦特斯小姐的會議上做到這點。

他希望自己能夠讓情緒坐在乘客席上，並讓冷靜成為自己的預設反應。

索羅門開始打呼。

9 設立框架

星期三早上，當吉莉安踏入果汁廚房的大門時，她旁邊帶著一個小女孩，小女孩的四肢和關節都像隻幼鹿一樣——一隻有著嚴肅大眼的幼鹿。

吉莉安抱歉地攤了攤手，「我們等等要去上馬術課，希望你不要介意。」

教練往下看著女孩，「妳喜歡馬兒嗎？」

她的大眼看著他，就像兩顆安靜的滿月一樣，並點點頭。

「牠們很美麗，對吧？」更認真地點點頭。「是十分高貴又溫柔的生物。」他看了看牆上的菜單，並轉向吉莉安，「她叫……」

「小波。」吉莉安說。「對不起。小波，這是喬治，也就是教練。喬治，這是我的女兒小波。」

「很高興見到妳，小波。」教練說。「妳想喝果汁嗎？什麼都可以，蘋果汁、柳橙汁、苜蓿汁或牧草汁都可以。」

她傻笑了起來。

「好。」她說話非常小聲，幾乎沒有發出聲響，「他們有杏仁牛奶嗎？」

他對她嚴肅地點點頭。「我很確定他們有。」他點了自己的芹菜汁，又替小波點了一杯冰的杏仁牛奶。當吉莉安點餐時（又是梨子、甜菜根、薑和鳳梨），他堅持替三人付錢。

他們走向櫃台後方，坐在最後三個位置上：教練、吉莉安、小波。在爬上高腳椅前，小波看了看教練。「謝謝你的杏仁牛奶。」她說，聲音只有樹葉沙沙聲那麼大。

「完全不用客氣。」教練說。

吉莉安對他一笑，稍微有點猶豫，奇異地覺得情緒上湧。「所以——」她說，坐得更直了一點。

教練轉向她，「是的，當然。我們繼續喬治教練的獲～勝策略系列吧。」他特別把「獲勝」兩個字拉長，聽起來就像馬的嘶鳴聲。

小波又笑了。

「第三個祕密，」他說，並舉起三根手指頭，「微笑。」

吉莉安皺眉，「微笑？這就是價值連城的商業機密？」

「沒錯，就是微笑。但不只是臉上的微笑，還有身體上、態度上以及心態上的微笑。當你微笑，而且是全心全意地真誠微笑時，你就掌控了全場，一切由你主宰。」

「好吧。」吉莉安說，聽起來不太相信。

「妳們知道誰是貝比・魯斯（**譯註：**Babe Ruth，**小喬治・赫曼・「貝比」・魯斯，是美國職棒史上一九二〇、三〇年代的洋基強打者，跟著洋基取得四次世界大賽冠軍**）吧？」教練說。

吉莉安和小波互相看了看，接著一起轉頭看向教練。

「廢話。」小波說。

教練突然放聲大笑，甚至被他的果汁嗆到。

「小波！」吉莉安說。

「對不起。」小波很小聲地說。

「不會、不會。」教練說，一邊咳嗽，一邊用餐巾紙擦拭嘴角。「妳說得沒錯，是廢話沒錯，妳們當然知道。那妳們知道，有次在打出全壘打前，他做了一件讓他變得非常有名的事嗎？」

吉莉安看著小波，她伸出一隻手，食指指著前方。

「沒錯。」教練說。「在他行動之前，他就告訴每個人接下來要發生什麼事情。他掌控了整場比賽，並『主導』了場面。

「高爾夫球選手傑克・尼可勞斯（譯註：Jack Nicklaus，美國最成功的職業高爾夫球運動員之一，截至二〇一二年，他仍保持著四大滿貫賽事冠軍總數第一名的紀錄）常說，高爾夫球有百分之九十是準備，以及等待擊球。這不僅只適用於高爾夫球界，也適用於所有人際互動關係，其中當然包括了商業行為，因為所有『商業行為』都是人際互動關係。」

小波默默地拉了拉吉莉安的手臂。

「怎麼了，波波寶貝？」吉莉安說。小波拉下母親的肩膀，好在她耳邊說悄悄話，吉莉安指著室內一角，「就在後面。」

小波一言不發，滑下高腳凳後，走向廁所的位置。

「老成的靈魂。」教練說出這句讓吉莉安驚訝的評論。

「是啊，」她說，「她經歷了很多。」她吸了口飲料，雙眼看著廁所門口。「我和她父親離婚時，她才五歲，對她來說真的很難接受。」她沒說的是，對她們兩個都是。

「就在我們搬進現在這個家的頭幾天，有隻流浪貓出現在院子裡，當時牠瘦得只剩下骨頭。幾個禮拜後，那隻瘦弱的小貓開始像強力膠般黏著小波，他們變得形影不離，小波想要叫牠克莉奧佩特拉，卻說成克莉奧喵特拉，我們就用了這個名字。雖然她長大後發現當時把名字搞錯了，但也不想改口了。」

教練輕輕地笑了。

「那隻貓是小波的好夥伴，也在最難熬的那幾年給她最大的安慰，小波和克莉奧可說是一起長大的。每天晚上，我都讓牠睡在小波的床上，有時候牠會在夜裡舔去小波臉頰上的眼淚。」吉莉安的聲音變得有點顫抖。「有時候，牠只是靜靜地聽小波說著當天發生的事情……這是我在門外聽到的。」她略帶內疚地說出最後一句話，教練點點頭，好似在說：沒關係，妳沒有侵犯她的隱私。

「晚上當小波睡著後，克莉奧會溜到枕頭旁，趴在她頭旁邊休息。牠有時會在她熟睡時舔舔她的頭髮，早上小波出來吃早餐時，她的頭髮就會像爆炸頭一樣。」

教練又輕笑了一聲。

這時，小波回來了，吉莉安看著她，無聲地問：一切還好嗎？小波一邊點頭，一邊爬上高腳凳。

「妳媽媽跟我剛剛聊到克莉奧喵特拉，」教練說，「你們兩個感情真好。」

小波將視線轉向教練，認真地點點頭。

「克莉奧最棒了，牠是在小時候找到我們的。」

「妳媽媽有說過，」教練回答，「說牠那時候又瘦又餓。」

小波將視線轉回吉莉安身上：換妳說了。

「牠看起來像是好幾天都沒吃東西，」吉莉安說。「躲在樹叢裡，有任何聲音都會驚跳起來。只要我們在附近，牠甚至連我們裝在紙碗裡面的水都不願意喝。所以我們就把水留在那裡，等我們一離開，牠就爬出來喝水。」

吉莉安的聲音有點緊，她為什麼這麼容易情緒上湧？

「然後妳試著餵牠吃東西。」小波馬上說。

吉莉安點點頭，繼續說道：「只要我在附近，牠就什麼都不吃，但我一離開，牠就會跑出來吃東西。我慢慢將碗放在越來越接近後門的位置，我不要靠得太近，讓牠知道自己有空間可以逃跑，牠就會吃。不到一個禮拜的時間，只要我們待在玻璃門後面，並讓露台的門開著，牠甚至願意冒險進到露台上吃東西，牠在吃東西時，會一直回頭看向那扇門，確認還是開著的。

「又過了一周，牠開始溜進屋內吃東西，就在開著的玻璃門旁，然後願意讓我站在門旁靠近牠——只要門還開著就可以。有天我想看看牠願不願意讓我關上門。我用非常緩慢的速度把門關上，結果牠立刻停止進食，好像要準備大鬧一場一樣，於是我立刻把門打開到最大。」

她暫停說話。

「然後牠靜止不動。」小波悄聲說。

吉莉安點點頭。「沒錯，牠像座雕像般站在那裡快一個小時，我也一起站著。最後，牠放鬆下來，繼續吃東西，在試過幾次後，我終於可以把門關上。自那時起，牠就成了我們家的一員。」

吉莉安停止說話，不敢相信自己的聲音。她突然才有自覺，他們是不是已經談話超過五分鐘了？

「對不起，我一直在說話……」

「妳主導了場面。」教練說。

吉莉安看著他，還不能理解。

「就像指向全壘打牆的貝比一樣，妳也指向了門口，掌控了局勢。讓那隻貓感到安全。」

「是克莉奧。」小波悄聲說。

教練點點頭。「沒錯，克莉奧。妳讓克莉奧感到安全，牠不是想要離開，只是想要確認牠『能夠』離開。只要牠有個後門能夠逃離，就沒有關係。」

他暫停。

「記得我幾天前說過關於合作的事情嗎？」

吉莉安猶豫地回覆：「在生意上，獲勝的關鍵在於合作，而合作的核心就是說服力。」

教練提高他的眉毛，「記憶力真好。」

吉莉安的嘴角浮現了一絲微笑。「我有在傾聽。」

他用兩根手指頭碰了碰額頭向她致敬，說得好！

「事實上，還有更多。說服力的核心在於影響力，真誠的影響力。因為協商、說服、解決問題、成交生意這一切，最終的核心就是**影響力**。如同我一位好友所說，影響力的關鍵在於『拉近』，而不是『推壓』。

「如果妳想要說服對方，不要推壓、也不要對抗對方，也不要關上露台的門。

千萬別將對方關在角落，讓他覺得自己毫無選擇，好像『不得不』認同妳的看法，因為這樣只會造成反效果。記得留著後門敞開。」

吉莉安回想她和傑克森的第一次會面，他看起來驚恐得有如又可憐又飢餓的克莉奧一樣。她有為他留後門嗎？

這也提醒了她：小波還有馬術課要上，然後她也要和希爾先生見面。

「我們該走了。」她邊說邊起身。

小波滑下高腳凳，看著教練並說：「她那時候在笑。」

「嗯？」教練說。

「我媽，和克莉奧在一起時。」

教練的臉上浮現了微笑。他彎下身，平視著女孩並說：「妳說得完全沒錯。」

他往上看向吉莉安：「聰明的女孩。」

吉莉安困惑地皺了皺眉。

「當妳讓後門保持打開時，」他說，「那個微笑的妳才是真正的妳。」

※

傑克森一點笑意都沒有，而法官馬上注意到了這點。

她正在吃墨西哥煎蛋（「難以置信。」她喃喃地評論），而理所當然地，他也在吃燕麥粥，又或者該說是一口都沒吃。

法官才剛開始介紹自然協商的第三項條款，但她感覺到他心不在焉。他看起來隱約有些不安，甚至有點焦躁。她想，或許會有機會問他，又或許她得靜靜觀察。

她繼續坐在長椅上講著長篇大論。

「設立框架。」他重複。

「設立框架，」法官又再說了一遍。「這就是第三項條款。框架本身比內容還重要，因為框架就是對話的脈絡。設立對話框架的人，也就掌握了整場對話的節奏與行進的方向。

「舉例而言，在你們上周五的會面中，是誰設立了框架？」

傑克森想了一下。「我不確定……可能是我？」

「告訴我對話是如何開始的。」

「嗯，她要我介紹一下我的公司，我就告訴她……」

「不對，還要再更之前。請確切地告訴我一切是怎麼開始的。」

「我不記得『確切』的一切。」傑克森反駁道，接著嘆了口氣，比預計的更大聲。「對不起，我只是……」他將燕麥粥向外推遠了幾吋，再次嘆了口氣。「等等，讓我思考一下。」

法官微微點了點頭，並做了個手勢。沒關係，慢慢想。

傑克森皺眉思考，到底他們的對話是『如何』開始的？他閉上雙眼並開始回想：看著她的辦公桌……那個女孩和貓咪的照片……

他張開雙眼，「她稱呼我為霍爾先生。」

法官鄭重地點點頭，好像在說「她這樣做並不意外」，「然後呢？」

「我糾正她，她說她弄錯了，抱歉；接著她要我介紹一下公司。」

「她說了抱歉？」

傑克森點點頭。

「她『實際上』說了什麼？」

他再次皺眉。「她說『當然，希爾先生！傑克森。那麼，介紹一下你的公司。』」

「啊！所以她並沒有真的為搞錯你的名字而道歉。」

她應該沒有說，她說的「抱歉」並不是「對不起」的意思。她說的比較像是

「抱歉？」意思是「什麼，你可以再說一次嗎？我剛剛沒有認真聽。」

「在那之前還發生了什麼事？在你踏入她的辦公室前。」

「真的沒什麼，我只是一直在等。我準時抵達，事實上還提早到，但我一直等了十分鐘還十一分鐘才見到她。」

法官什麼都沒說。

「哇。」傑克森說著，恍然大悟。

法官點點頭。「沒錯。傑克森，她從星期天以來，就以一百種不同方式設立了框架。她讓你等他，好像她比你更忙，也就是塑造她比你更重要的感覺。當你走進去時，她不和你打招呼，反而繼續研究你公司的檔案，好像之前都在處理其他『更重要的事情』事情，所以一直等到你坐在辦公室裡，才有時間讀你寄給她的資料。還有，你真的覺得她會不清楚你的名字嗎？

「讓我換個方式說吧，她安排了這場會議想討論簽下你的公司、成為她公司主要客戶的可能性，她怎麼可能『不知道』你的名字？」

「哇！」傑克森又說了一次。

「沒錯，是該『哇』。她設立了一個框架，表明：我從一開始就佔了上風，你我都知道，所以我們何不直接切入正題？聽起來，你那位瓦特斯小姐可以成為一位優秀的辯護律師。」

傑克森不敢置信地慢慢搖了搖頭，說了第三次「哇」。然後，他臉上第一次出現類似微笑的表情。「所以妳是說，我被框住了？我猜妳一定在法庭上聽過很多這樣的事。」

又是那從喉嚨發出的渾厚笑聲。「沒錯，這就是真相，每個人都或多或少被框住了。你知道『符號學』這個詞嗎？這跟創造意義有關，因為語言所代表的不僅只有語言本身，更有一種創造力量。你用來描述一個情境的語言，能夠建立起整個情境，不僅僅是言語，還有手勢、語調、姿態等一切。

「有些字詞和言語就像身體姿態一樣，會自然設立一種抗衡的框架。在這種框架下，一方就會支配另一方，或者企圖這樣做。」

傑克森點點頭。「就像搞錯我的名字一樣。」

「沒錯，但你同樣也能輕易地設立能夠培養『聯繫與認同』的框架，而非『支配或抗衡』的框架。舉例來說，你記得兩天前走進這間餐廳時，發生了什麼事嗎？」

傑克森開始回想。「一開始，我不確定自己是不是走對地方，所以排隊排了一分鐘，並問咖啡師知不知道妳在哪裡。」

「她說了什麼？」

「她告訴了我，還用手指向妳坐著的地方。」

「然後說了什麼？」

「『沒問題』之類的話。」法官靜靜等著，於是傑克森又想了一下，回想起那個場景。「不對，不是這樣，她說了：『我的榮幸。』」

法官點點頭，「沒錯。」

「等等，」傑克森說，「妳怎麼知道她說了這句話？妳遠遠坐在這裡，不可能聽得到。」

「這是她一貫會說的話。」法官回答。「這是瑞秋的知名咖啡連鎖店中每個咖啡師及服務生都會說的話，從美國東岸到西岸、甚至全世界的分店都是如此。這並非巧合，而是他們的受訓內容，是由瑞秋本人直接傳授的。現在告訴我，你在其他早餐店或外帶櫃台點餐時，服務生都說些什麼？」

「沒問題、馬上回來、我只是盡我本分。」傑克森說。

法官又發出一陣笑聲。「人們說的話，總是讓我感到驚訝，像是『沒問題』這句。他們是要說你在那裡點餐不是個問題嗎？還有，如果他只是盡他本分，你又該怎麼想？好像你的感謝並不恰當，因為他只是照指示做事而已？還有『馬上回來』，這底是什麼意思？

「但是當他們說『我的榮幸』，這就創造了完全不同的對話脈絡，這句話設立了強而有力的正面框架。」

「我可以理解。」傑克森說。他從沒想過簡短幾個字就能傳達這麼多意思，但回頭看看索羅門是如何熱情溝通的，完全不須多說一字。

法官說：「我最喜愛的法官之一，就是設立框架的大師。他並非正式的法官，不過是正式的總統。在他當選總統，並處理美國有史以來最嚴重的戰爭前，曾擔任多年的成功律師。

「林肯先生擔任辯護律師的風格獨樹一幟。他通常會在開審陳述時，以總結對方案例開始，指出對方所站立場的正面論點，以及他們謹慎的思緒有多高尚。事實上，有人說，如果你正好在他發表開場白時走進法庭，你會以為他其實是對方的辯護律師。」

她停下話語，並將剩下的墨西哥煎蛋放入口中。在吃東西時，她的視線也從未離開傑克森。

「好吧。」傑克森說，「以辯護律師而言，這的確是個有趣的方式。」他想著基斯的故事，那個對方帶來的律師，最後卻讓基斯成功地達成了和解。接著，他又想到同一位律師正坐在他對面，大口吞下她的早餐。

法官一邊點頭，一邊用餐巾紙擦了擦嘴。「我知道這聽起來很奇怪，但藉由這種方式，林肯先生在法官及陪審團面前建立了他的可信度，並展示了雙方都有合理論點，他只是在尋找真相而已。而當總統先生開始陳述己方立場時，他會滔滔不絕，一個論點接著一個論點、一項事實接著一項事實，以完成客戶的案子。請恕我以運動為例，這就好像拿著球在毫無阻礙的場地上連跑七十碼達陣得分，中間完全沒有防守球員攔阻。因為在這個時候，他的可信度已經非常高。畢竟，如果他對對方立場的優點那麼直言不諱，那他所說的話一定非常真誠，是自心底發出的話語，不是嗎？

「而關鍵所在的是：當他陳述對方立場時，他也極為真誠。沒錯，這點很聰明，當然這也是計算好的，卻並不虛偽。這也是有效設立框架的主要原則之一：你必須是真心的。」

傑克森說，「就像『我的榮幸』那樣。」

「沒錯，」她說。「就像那樣。」她倒了些新鮮熱咖啡，並看著他。

「傑克森，你還記得我們的對話是怎麼開始的嗎？我是指現在、今天早上，當你坐下時？」

傑克森臉紅了。「對不起，我很心煩意亂，是在為今天的會議緊張。我不是故意那麼無禮的。」

「所以是誰設立了框架？」

他一時之間沒說什麼，接著說：「我不確定，是妳嗎？」

「是我。」

「但是……我完全看不出來妳怎麼設立框架的。妳『什麼』都沒說也沒做！我才是那個反駁妳又對燕麥粥發脾氣的人。這樣做難道沒有設立框架嗎？」

「嗯，」她說，「是有可能。」她吞下最後一口咖啡，並舉起一根手指頭，示意結帳。「但有時候，不做任何反應才是你所能做出的最有力聲明。當你恢復預設的冷靜反應時，這個行為本身就會『重新』設立框架，或至少雙方其中一人能夠設立到這個階段。因此，沒錯，你的情緒的確設立了某個框架，但我又重新設立了一次。框架會被不斷設立，無庸置疑；唯一的問題是，是誰設立的？」

當傑克森離開瑞秋的知名咖啡，並穿越市中心前往「史密斯與班克斯」的辦公室與瓦特斯小姐進行臨時會議時，他腦海中一直回想起昨晚與沃特的對話。

你是正確的，沃特說。而傑克森不得不承認，他說得有道理。

他們期待他在幾個月內擴展到全國的規模，同時還要放棄他最好的客戶？這很明顯不公平，也讓傑克森感到憤怒。

他的**確**是正確的。

他也想到法官說的話。

框架會被不斷設立，無庸置疑；唯一的問題是，是誰設立的？

他試著思考著接下來幾分鐘會怎麼樣。

10 衝突

吉莉安．瓦特斯望向辦公室窗外，想著接下來幾分鐘必須發生什麼事。

「呼吸，吉莉安，」她喃喃自語，「傾聽，微笑。」

她深呼吸，吸進、呼出；吸進、呼出。她臉上掛了個大大的微笑，接著轉回辦公桌，按下「通話」按鈕並說：「米拉貝爾，可以麻煩妳現在請希爾先生進來嗎？」

傑克森．希爾看起來像個為了保護農莊不受敵人入侵，會在有必要時開槍射擊的男人。

當他從接待室的座椅起身時，看了一眼牆上的鐘。時間剛剛好，很好。他對米拉貝爾點了一下頭，經過她的辦公桌並走向走廊盡頭。**設立框架，傑克森，要當設立框架的那個人。**

當他踏入辦公室時，瓦特斯小姐站了起來，並隔著辦公桌伸出手。「謝謝你在那麼臨時的通知下，還能過來。」她一邊握著他的手一邊說，「事情進行得如何？」當他坐下時，她問道。

「什麼？」傑克森問。

「與你的客戶。」

對，他本來應該要和「他的人談談」的，準備像她說的「優雅退出未來承諾」還是什麼的。

「事情進行得還算順利。」他說。

當然，他一通電話都沒有打。何必呢？他已經知道他們會說什麼了，所以沒有必要「討論」，他很了解那些夥伴的。

「我昨天經過了努克寵物店——」瓦特斯小姐說：「戴爾街上那家，就在大型傢俱店隔壁？還和派蒂聊了聊，他們都大力稱讚你。」

傑克森糊塗了，「妳……等等，妳認識派蒂？」

「不算是，」瓦特斯小姐說。「我的意思是，我每次進門都會和她打招呼。」

「妳會在努克寵物店買東西？」他是掉進完全不同次元了嗎？瓦特斯小姐是全國最大寵物食品及用品店的經理，卻在「對手」的店裡消費？他小小客戶群中的其中一家店？

「畢竟，我們還無法銷售你的產品，不是嗎？我總得在某個地方購買你的貓食。」瓦特斯小姐說。

「等等，妳會買……？」他再次瞥向那張照片。那隻俄羅斯藍貓！「妳會用我的產品？」

瓦特斯小姐把手肘擱在桌上，身體前傾並直視他。「我當然會用。『只有最純粹、只有最新鮮、只有最完美』這並非只是句宣傳口號，不是嗎？」

傑克森的腦袋以時速上百英里轉動著。瓦特斯小姐知道派蒂是誰，他其中一位客戶，而且她把派蒂當成人來對待，而不是一個算數問題。

一路對話下來，沒有比這更完美的了。

他幾乎要衝口而出：說到這個，我想問「獨家經銷權」的定義是什麼？

這時瓦特斯小姐再度開口：「我昨天和高層談過了，關於替你背書的想法，他們有點……疑問。」

傑克森的心沉了下來。有疑問，她倒不如直說：「他們認為你是毒藥。」那一瞬間他領悟了：沃特是對的。傑克森不該說他只希望他們為貸款背書，這是個技術性的錯誤——還是個經典的失誤，希望不會致命。但他現在能怎麼做？沃特是怎麼說的？如果你想要月亮，就得要求一整個太陽系。傑克森可以感覺到自己的心臟在胸腔中快速地跳著。

「事實上，」他說，「我也想談談這點。全國性規模的產品製造將會是項大型投資企劃，同時也對我們雙方公司有所助益，所以我想了解一下共同分擔成本的部分。」

他們會像骨牌一樣屈服。沃特是這樣說的嗎？

他停下來，心裡既希望又不希望瓦特斯小姐會像骨牌一樣屈服。瓦特斯小姐並沒有如骨牌般屈服，她有的只是一片寒霜般的沉默。

「讓我們先回顧一下，」她說，「你本來希望我們能為你的工廠拓展貸款簽名背書，但現在你卻說，不，你其實希望我們還能為此『出錢』？」

又是一陣沉默。正當傑克森準備屈服，說出一些打退堂鼓的話時，瓦特斯小姐開始慢慢點頭，並補充一句：「很有趣。」

傑克森的思緒開始快速轉動。很有趣。這是好事嗎？還是這是她表達「你在開玩笑嗎？」的方式？他腦海中閃過法官說的：站在她的立場思考，這是他需要做的。哈哈，站在她的立場思考？他連辦公桌後她的鞋子長什麼樣子都不清楚，更別說「站在」她的立場了，這個女人對他而言就像是個被謎題包圍住的神祕生物。他試著回想法官今早說過的話，那也不過是一個小時前的事，但他心中跳出的卻是沃特說的話：你需要的是抽身而退策略。

他頓時驚慌失措。

「我……我也對整個獨家經銷權的事情不太確定。」他說。「我不明白，為什麼我們不能同樣針對這個問題進行協商，商量出折衷辦法，讓我能夠繼續服務目前客戶的小圈子，比如可以稱他們為『傳承客戶』，或是提供他們不一樣的產品系列，這樣就不會和你們要在店裡販賣的商品直接競爭，或是……」

就在這裡，傑克森腦中有如火車般的思緒迎頭撞上水泥障礙物，撞成一團混亂。

「或是其他的東西。」他總結道，希望聽起來沒有自己想得這麼糟，雖然他知道事實如此。

又是一陣令人窒息的沉默。吉莉安開了口，是他在第一次會議中聽過的那種較為柔和的聲音。

「聽著，希爾先生。我希望你知道，我們很想爭取到你這位客戶，我們認為你所做的一切非常……令人印象深刻，完全呈現了毛茸茸天使公司的理念，至少，我是這麼想的。」

這個轉變讓傑克森措手不及，而且有這麼一瞬間，他覺得自己稍微窺伺到這名女子的真面目。但下一刻，窗戶馬上被關上，室內溫度又再次下降。

「但你必須也有所妥協，」她說。「如果你無法更動以上兩個要求，那我不確定我們是否還有前路可行。」

她看著他，不是怒瞪，但傑克森也絕不會錯認那是溫暖關心的眼神。

就這樣，在雙方都不清楚是怎麼回事的情況下，他們之間的會議結束了。

當他經過米拉貝爾的辦公桌並走向門外時，傑克森突然想到，他完全沒有對瓦特斯小姐使用抽身而退的策略。

反而是她對他使用了這項策略。

這時吉莉安則望向辦公室窗外，試著理清這場會議到底為什麼會錯得這麼離譜。她轉回辦公桌前，看著那張小波和克莉奧的照片。

做得好，吉莉安，妳倒是把那扇後門關上了，對不對？

※

帶索羅門散完步後，傑克森先帶牠回家裡再獨自出去吃飯，他今晚無法面對沃特吃飯。

用完餐後他回到家，直接進臥室並套上睡衣。他坐在床邊，一邊看著索羅門低垂的大眼，一邊用雙手搔著牠的下巴。「我應該帶你去參加會議的。」索羅門舔著他的手，接著將前掌撐在床上，改舔傑克森的臉。

「我應該留在家裡，讓你去出席會議的。」

索羅門回到自己在地板上的窩休息，身子轉了四、五圈，把自己大大的身軀堆成舒適的一團，先是大大地吐出一口氣，接著發出了舒服的呻吟聲。

傑克森突然發現自己腦中那場會議依然徘徊不去，就像索羅門一樣，畫面一圈又一圈地轉著，但他不像索羅門，根本沒辦法休息。

他伸手拿起記錄著前兩次會議的記帳本，並丟進床邊的垃圾桶。

他關掉床頭燈，轉身躺下，準備入睡；索羅門開始打呼。

三、四分鐘後，傑克森坐起身來，把燈再度打開。他彎下身，把垃圾桶裡的小記帳本撿起來，放回自己腿上。他翻到下一頁空白頁，開始書寫：

3. 設立框架

採取主動以建立互動的節奏及脈絡。設立對話框架的人，也就掌握了整場對話行進的方向和節奏。

他躺回枕頭上，再次回想起這場會議。這一次，他不是想著自己做錯的地方，而是吉莉安·瓦特斯說過的話。

她要冒的風險是什麼？法官這樣問過。有這麼一瞬間，傑克森覺得自己抓到了一絲感覺。我們認為你所做的一切非常令人印象深刻。接著，她又補充了一句：至少，我是這麼想的。

這句話是什麼意思？

這讓他覺得，她可能非常需要在高層面前賣力推銷她的點子，他從未思考過這種可能性。或許對她而言，去「高層辦公室」談談就有如他去見銀行的負責人員一樣。

或許她的夢想和希望，現在也正面臨危機。

索羅門在睡夢中，「汪」了一聲。

11 優雅

星期四早上八點鐘，吉莉安走出市區的停車場，對著陽光眨眼。她沿著戴爾街走了一半，經過了努克寵物店（她真的養成了在這裡購買克莉奧飼料的習慣），並停在一個她從未注意過的地址前面。那是一扇毫不起眼的門，就塞在艾倫與奧古斯丁大型傢俱店和另外一間大型商店中間。

門上沒有任何招牌。

她踏入門內，沿著一條長長的走廊前進到了一間寬敞的房間內，裡面有許多小型圓桌，桌旁坐著一群孩子，一邊吃飯一邊說話，甚至兩者同時進行。房間正中央有一張自助餐餐廳使用的食物加熱桌，擺放著成堆的碗盤、餐盤和餐巾紙，還有三個人站在那裡，正忙著服務他們的小小客人。

最靠近吉莉安的是一個繫著圍裙的高大男人。他非常高大，讓她想到她和小波這星期才在電視上看到的一個名人，也就是城市籃球隊的明星選手。站在他旁邊的是一位戴著髮網、上了年紀的矮小女士，正彎身越過一個巨大的平底鍋，吉莉安猜想裡面大概是薯餅；而第三個服務生就是喬治教練。

這時，高大男子瞥了一眼牆上的鐘，對戴著網帽的女士悄聲說了幾句，摘掉圍裙，並朝著吉莉安所站的門口走去。同一時間，一位同樣高大的男子從吉莉安背後出現，並側身繞過她朝著桌子走去，取代了第一位男子的位置。

「嗨，教練，」吉莉安聽到他說，然後又說：「嗨，布太太。」

「早安，馬文。」女士頭也不抬地回答，她手上仍繼續盛著熱騰騰的薯餅。

當第一位高大男子經過吉莉安身旁時，他點頭示意，並越過她走入走廊，她才知道為什麼男子會讓她想起那個籃球選手了——因為他就是那個明星籃球選手！而剛才取代他站上服務陣線的男子馬文，正是這個城市橄欖球隊的四分衛。

教練早餐服務的團隊成員真厲害。

好像聽到她的想法一般，教練抬頭並看到她在門口，揮手叫她過去。

正當吉莉安接近桌子時，三個小孩子也帶著空餐盤在旁邊徘徊，而戴著網帽的女士開始熱情地服務著他們。吉莉安聽到她稱呼其中一人為「萊恩大師」，另一位為「塔梅卡小姐」，有如稱呼皇室成員一樣，她的姿態十分謙卑。

教練帶著吉莉安往外走了一段距離，並開始與她輕聲交談。

「感謝妳前來，我想介紹妳認識我一位朋友。」

這對吉莉安來說絕對是第一次，她從未見過橄欖球明星。小波要是知道了應該會激動到瘋掉。

「這裡大部分的孩子，」教練說話時聲音低沉且輕柔，「早上去上學前不是只能吃點連老鼠都餵不飽的早餐，就是完全沒東西可吃。有的是因為經濟因素，有時候則是家庭功能失常，例如父母會家暴或是藥物成癮。就像伊莉莎白說的，『不論原因為何，我們大概無法修正，但我們可以確保他們不會餓肚子』。而他們也的確吃飽了。平日每天上學前，我們餵飽了超過五百名餓著肚子的孩童。」

「伊莉莎白就是布太太？」吉莉安悄聲說。

教練點點頭：「我們會輪班，星期四是我、馬文和鮑比。」鮑比是方才離去的明星籃球中鋒。「還有一些其他人。伊莉莎白應該要負責星期五的，但她幾乎每天都會出現。」他靠近了一點並說，「她是個有點瘋狂的老太太。」

吉莉安感到有點丟臉，他最後一句話說得沒那麼輕柔，那位女士聽得到嗎？看起來不像，因為她仍忙碌地替大家服務。

「你不用大吼大叫，」那女士大聲喊回來，「我或許老了，但還沒聾。沒錯，喬治，我聽得見你說的每一個字。」

隨著教練無聲大笑抖動的肩膀，他們一邊走回服務桌邊，那三個孩子已經回到自己的位置上，埋頭享受大餐。

那名女士將手上分菜的湯匙放下，往後坐到高腳凳上，看著吉莉安和教練。「如果他們不吃飯，就無法思考；如果他們無法思考，」她把手上的塑膠手套剝下，「就無法讀書。如果他們無法讀書，我就睡不著。」

「伊莉莎白，」教練說，「這就是我跟妳說過的年輕女子。吉莉安，見過伊莉莎白，又稱為布太太。」

當吉莉安和她握手時，她終於認出站在眼前的人是誰。

熱鬧街上，教練辦公室裡的那面牆——牆上的那些照片，照片中的慈善家。吉莉安正與市內最受愛戴的一位名人握手，原來教練今早要她來這裡不是為了見橄欖球選手，而是……

「伊莉莎白……布許奈爾？」

「正是，」布太太說，「很高興見到妳。」

「我以前教過她的兒子湯瑪士，也是一位拳擊選手……」教練解釋道，吉莉安麻木地點點頭。湯瑪士．布許奈爾，他可是這個區域前幾大公司的執行長，才不是什麼「也是一位拳擊選手」這麼簡單。「後來我轉行進入商業界後，伊莉莎白則開始教導我相關知識。」

「喬治告訴我，妳的工作和動物有關，」布太太明快地說，「真棒！我從小和一隻阿拉伯獵犬相伴長大，我們叫牠瑪紅格妮，既溫和又非常聰明，是我年輕時最要好的朋友。」她的視線逐漸變得深遠，接著又重新聚焦在吉莉安身上，她笑了笑，並輕拍這位年輕女士的手臂。「我一直都想替動物做些什麼，牠們給了我們那麼多愛意與忠誠，卻只要求一點點回報。這些貼心又甜美的生物們，」她看了一眼房內四周，「就像這些孩子們一樣。」

吉莉安隨著她的視線望過去並點頭，「我有注意到妳對待這些孩子的方式，就好像……他們是皇室貴族一樣。」

「每一個孩子都需要食物填飽肚子，」布太太說，「滿足這個部分很簡單，所以我們也想確保同時滿足他們的自尊和尊嚴。說來遺憾，『營養不良』有著許多不同形式。」

她走回服務桌，更多孩子蜂擁而上。

「這就是我希望妳來見她的原因。」教練舉起四根手指，「第四個祕密活生生的範例。」

他們站在一旁，看著馬文和布太太替新一輪的孩子分配食物，教練說：「看看那兩人，妳看得出他們有什麼共同之處嗎？」

馬文這時正好彎下身越過餐桌，和一位個頭只有他四分之一高的小女孩溫和地擊掌，接著再直起身來，臉上掛著大大的微笑。他站在布太太身邊，有如座落於小村莊裡的摩天大樓一樣高大。

他們有什麼共同之處？吉莉安看得出來，卻找不到一個名稱。

「是優雅。」教練說，「妳知道為什麼貓墜地時總是以四腳朝地？因為牠們從不會失去平衡，要是在貓跳下高牆，甚至是從牆上掉下來時替牠照下高速攝影照，在每一張照片中都能看見相同的東西：**優雅**。無論何時，貓都能一直保持優雅姿態。

「優秀的運動選手也是這樣，無時無刻保持優雅姿態；行動優美，思考方式優雅，品行也優雅莊重。這也就是獲勝策略的第四個祕密：**保持姿態優雅**。」

優雅，這的確是個適合描述眼前場景的詞語。

「當伊莉莎白開始教導我時，她教我的第一件事，同時也是最重要的一件事：『保持和善慷慨的精神，喬治，和善慷慨的人能夠一直獲得勝利。你知道為什麼嗎？』我當然不知道，我從來不知道她問的問題的答案。」

吉莉安可以輕易想像出來。那位女士有種莊嚴的氣質，彷彿戴著髮網的人面獅身像。

教練轉身面向吉莉安。「她說，『因為感激是所有空前成功的關鍵祕密』。」

他們保持安靜了一陣子，那最後十四個字在吉莉安腦海中有如一道響雷，不斷迴響。直到布太太呼喊他們的聲音響起，才打破了這段沉默。

「是同樣的字根。」

吉莉安和教練同時轉身向她。「您說什麼？」吉莉安問。

「感激（gratitude），」她說，「有著和優雅（grace）、優雅的（gracious）相同的字根，是來自拉丁文的 gratia，意思是好意、尊重、關心、令人愉悅的特質和善意，而更早期的字根意思則代表宣佈、唱歌、稱讚和慶祝。在英文中，它最初的意思是神聖、好意、愛意或是協助——順道一提，通常是指並非理所當然、卻還是被大方給予的協助。『優雅』真是一個非常、非常棒的字眼。」

教練回頭轉向吉莉安，小聲地說：「好個瘋狂的老太太。」

「我聽到了！」布太太大聲說道。

「我知道。」教練悄聲說，笑得像個小男孩。

※

正當吉莉安驚訝於能夠見到本州最有錢的女人之一時，傑克森又回到了瑞秋的知名咖啡，看著韓蕭法官努力消滅一大盤蜜桃鬆餅，上面滴著純正楓糖漿和法式香草鮮奶油。

這個女人是怎麼做到的？這麼多食物，卻還保持身材精實苗條？

「我一天會走八公里。」她回答道，一邊拿餐巾紙擦嘴，一邊倒了些熱咖啡。

「這讓我有時間……」她一邊用左手指了指腦袋，一邊用右手拿著咖啡呑了一口。

「有時間思考？」

「事實上，」她把咖啡放下，「是能有時間『不思考』。這可是稀有又珍貴的事情，也是我的黃金時段。」她瞥了一眼他的燕麥粥，他幾乎沒碰過。「所以我的食慾誘惑不了你嗎？」

他看著她的蜜桃鬆餅，「看起來很棒，但沒關係，我不用。」

「你看起來不是很餓，」她冷淡地指出。「今天工作不太順利嗎，親愛的？」

傑克森給了她一個虛弱的微笑，這句話跟之前基斯說的不是一模一樣嗎？

「老實說，很糟糕。昨天的臨時會議中，我絕對沒有掌控好情緒，反而是情緒掌控了我。我的情緒不僅坐在駕駛座上，還開上高速公路，撞到護欄。」他一臉悲慘地看著她。「我死了，現在跟妳說話的是鬼魂。」

她笑了，是那熟悉的蜂蜜奶油般的笑聲。「今早有點戲劇化啊，我喜歡。你提的大部分都是第一項條款，我是否該假設，你也沒有完全地站在瓦特斯小姐的立場上思考？」

「我想我大概是踩到她的痛腳了，這樣算嗎？」

法官又再次大笑，這次他也一起加入——多多少少吧。

「我感覺自己快速瞄到了一眼她所要冒的風險。有那麼一瞬間，我還以為我們莫名地有所聯繫，好像可以找到共同之處，但……」他嘆氣，「但是，她真的戳到我的痛處了，我甚至覺得她不是故意的。可能是我自己的問題，或許是因為我的痛處太多了，我必須學習如何不受情緒干擾。」

「傑克森，只要你有痛處，別人就會去踩，」法官說，「這就是其他人會做的事。但我是這樣想的，我覺得你早就『知道』如何不被情緒干擾，甚至能夠出色地執行，只是那還不是你的預設反應而已，你還沒習慣。就像我說的，你需要時間來重新訓練你的預設反應。」

「『要建立你的冷靜神經』，」傑克森說，「這我知道。」他為了分散注意力而吃了一口燕麥粥，接著又將湯匙放下，開始以手指計數，「所以，掌控你的情緒、站在對方立場思考、設立框架……總共有幾項條款？」

「五項，」法官回答。「而第五項條款是讓這一切能夠發揮作用的根本。若是沒有第五項條款，剩下的合約內容會變得既無效又空洞，但在尚未充分了解第四項條款的情況下，你沒辦法學習到第五項條款。

「在自然協商中，前三項條款只是做準備。第四項則是行動，能夠實際演練的部分，也就是『以圓滑而富有同理心的方式溝通』。」

「同理心，」傑克森複誦，「這跟站在對方立場思考有什麼不一樣？」

她微笑，「其中的差異就像律師和法官一樣，你也可以說是毛毛蟲和蝴蝶之間的關係。」

她又喝了一口熱咖啡。

「讓自己站在他人的立場思考代表進入了他們的世界，了解他們的處境、他們所冒的風險，以及他們正在經歷些什麼，這些都非常重要。但同理心重點不在於思考，同理心所做的又比這個更進一步，是要去『感受對方的感受』。」

傑克森想了一會，問到：「那圓滑呢？」

「圓滑指的是能夠看場合說話，」她回答，「真誠，同時也要帶著惻隱之心。圓滑就是給了同理心一個聲音，就像將詩歌配上音樂一樣。在任何對話中，無論是商業或私人對話，同理心是決定成功與否的最大關鍵。不僅要擁有同理心，還要能夠傳達出去。你會在跟某個人說完話後，覺得自己是他在世上唯一的談話對象，那是因為在那段時間裡，對那個人而言，你真的『就是』世界上唯一的對象。」

傑克森完全明白她的意思。現在想想，這就是他每次和她談話時的感受。上周六，他不是才在擔心要對一個完全陌生的人大吐苦水這件事嗎？現在他卻覺得這個人比地球上任何人都還要了解他——大概除了基斯以外，當然還有索羅門。

「我不知道，法官大人。」這是他第一次這樣稱呼她，而她看起來覺得很有趣。「有一半的時間，我甚至連自己的感覺都不確定。我也不會讀心術，我想我們已經確認過這點了，所以……我們到底要如何『知道』對方的感覺？」

「你是不會讀心術，」她回答，「不過你也『沒辦法』一直都知道對方的感覺，但就算如此，請記住一件事就好：你們兩個都是凡人。」

傑克森嘆了口氣。「我明天要見到的凡人？我只是……沒辦法搞懂她。」

法官伸出手，將手放在傑克森的手臂上，「傑克森。」

他抬頭看向她。

「同理心並不是要去試著『搞懂對方』，也不是要去讀懂信號或是分析信號；同理心是要能產生『共鳴』。」

她往後靠，並慢慢喝了一口咖啡，再一次越過杯緣看著他。「你知道我說的是什麼意思嗎？」

「我……大概知道吧。」傑克森說。

「就好像……」她將杯子放下，並皺著眉思考了一會，接著又抬頭看他。「就好像，當你敲鐘時，頻率調到一致的調音叉也會開始震動一樣。或是當你在小說中讀到一段文字，或者聽到什麼事情能夠觸動你的心弦一樣，因為這讓你想起了認識的某個人，或是曾經在你身上發生過的事。又或是你所愛之人的臉龐莫名地讓你想起了真正的自己一樣。這些事都能引起共鳴。

「而這正是祕密所在，第四項條款的核心在於、所有成功的互動核心在於：你可以和『每一個人』都能引起共鳴，無論外表看似有多不一樣。因為每一個活生生的人都是一座鐘；每一個人也都是一枝調音叉。」

她停了下來，讓這段話沉澱一下，接著說：「你有注意到，幾乎每個人都喜歡狗嗎？你當然會注意到，甚至可能比大部分人還清楚。這是因為，牠們是很能引起共鳴的生物，毫不費力就能讓人產生認同感。」

他們之間又沉默了一陣子。然後，傑克森開口：「所以妳是說，我應該試著更像我的狗？」

她笑了，是認真地笑了。「不，傑克森，我是說，你很像你的狗，比你想得還像。」

「傑克森，」沃特說，「明天是個大日子，對嗎？」

傑克森聳聳肩。神奇的是，他們晚餐幾乎都快吃完了，他父親卻還沒提起傑克森的生意——一直到現在為止。看來老爸要走懷柔政策，大概吧。

「聽著，」沃特舉著叉子往空中的一揮，「你只要記得我告訴你的話就好。勇於挑戰策略、抽身而退策略，這些都能夠給他們重重一擊。」

傑克森看起來很黯淡。「我不知道，老爸。」

沃特放下手中的刀叉，看著桌子另一端的兒子。「這些都是好訣竅，兒子，是經過千錘百鍊的武器。」

接著，沃特坐著一動不動好一陣子，看著自己的雙手，然後吐出了一口幾不可聞的氣。

「雖然我得承認……我也說不準，看看它們在我身上造成的結果。」

傑克森驚嚇地抬頭，「什麼？」

他父親沒有看他，繼續瞪著自己的雙手，說話的聲音變得柔軟，「喔，我當然成交過生意，很多生意，數不清的案例。但是……我又獲得了什麼？我是說……」他暫時停下，好像在尋找正確的字眼，「我是說，在一切塵埃落定後？」

「老爸……」傑克森完全不知道該說什麼。

沃特抬頭，傑克森驚恐地發現他的眼中有一絲水光。沃特「從來」不哭的！就傑克森所知，這個男人生來就沒有配備淚腺。

「我有跟你說過你媽媽的遺言嗎？」沃特說，「在她過世那天？」

這些年來，他們一次都沒談過這件事。

「沒有，」傑克森溫和地說，「但我大概可以猜到。她要你好好照顧我，確認我過得好。」

沃特發出一聲嘲諷的短笑，「看看你有多無知，猜錯了，兒子。」他看向別處，一邊開口，「不對。她說的是，『沃特，如果你又惹上麻煩，只要找傑克森就好，他會知道怎麼做。』」

傑克森嚇到了，「她這樣說？她是什麼意思？」

沃特將視線轉回兒子身上，「你覺得她是什麼意思？就是她說的那個意思，完全就是那個意思。」他又轉頭，然後加了一句，「葛瑞絲……很了解她兒子。」

葛瑞絲很了解她兒子。

「等一下，」傑克森說，「你說的是什麼意思？她很了解她兒子？她為什麼叫你來找我？」

沃特又再次看向他，「你認為呢？」

傑克森真的完全不了解。「我……我完全沒有生意人的樣子，老爸。」

「傑克森，聽我說。你有你所相信的事情，也正在做能夠改變世界的事情。你所做的事比我做過的還多。」

他靜止不動了一陣子，好像要試著再說出一句完整的句子，但最後決定還是再重複一次剛才說過的話。

「你有你所相信的事情，所以別忘記這點，好嗎？」

說完，他安靜地起身離開餐桌。

那一晚，傑克森清醒地躺在床上好幾個小時，他無法停止思考沃特說過的話，還有他母親葛瑞絲．希爾，以及她對丈夫說過關於兒子的話。

最後，他打開床頭燈，並坐起身來。他拿出小記帳本，翻到下一頁空白頁，並寫下：

4. 以圓滑而富有同理心的方式溝通

讓自己感受對方的感受，並對此真誠地發言，同時也要帶著惻隱之心。無論外表看似差異有多大，也無論彼此的立場是否有所不同，要記得他們是座鐘，而你是一枝調音叉。

他瞪著那一頁，接著翻過前幾頁：設立框架……站在對方的立場思考……掌控你的情緒。這些建議都很好，但他仍然看不出來要怎麼解決他的問題。

他闔上記帳本並放到一旁。

吉莉安．瓦特斯想要的和他想要的——不，應該是他所「需要的」，就像兩把交叉的劍一樣相互對立。他是可以盡可能保持圓滑又有同理心，但這並沒有辦法讓史密斯與班克斯動搖。

而他需要他們動搖。

他需要在明天結束會議後，在走出吉莉安．瓦特斯的辦公室時，手裡拿著那份合約；不然，他只好向他的事業、人生還有夢想說再見。

12 信任

星期五早上，當吉莉安出現在果汁廚房時，教練從室內另一端看了她一眼，做出手勢要她待在前門別動，和點餐櫃台內的人說了幾句話之後便走向她。

「妳在煩惱。」他說。

她點點頭。他從另一端就能看得出來？

「是因為妳今天的會議嗎？」

她再度點點頭。她尚未跟教練分享協商過程的細節，但已經足夠讓他了解，這是她成敗關鍵的一仗。「我只能待一分鐘，」她說，「我真的必須回去準備幾樣東西。」

教練說：「來吧，我們散個步。」他挽起她的手臂，兩人走出戶外。他問她把車停在哪裡，在她告訴他停車場位置後，他們開始朝著那個方向前進。

「我會一直陪妳走到車前，」他說，「剩下的就看妳自己了。」

外面難以置信的冷，天空也陰陰的。她豎起外套的衣領，教練穿著運動衫和短褲，似乎絲毫不受影響。

「妳知道，大家常說比賽輸贏不重要，比賽過程才重要。這話離真相很接近了，但是不只比賽過程重要，『為什麼』要比賽也很重要。如果知道自己為什麼參加比賽，那就算輸了比賽，也是贏了。若是忘記自己為什麼比賽，那就算贏了比賽，也是輸了。」

就算贏了，也是輸了。吉莉安一邊走一邊試著了解這個概念。

「如果妳不知道原因，」教練繼續，「那我不在乎妳技巧有多高明，因為這樣是不可能獲得純粹的勝利，妳完全無法企及。運動比賽的『原因』很簡單，就是『以行動表達優異能力』。」

「那商業上呢？」吉莉安問，「做生意的原因是什麼？」

他轉向她，「妳覺得是什麼呢？」

吉莉安想了一陣子，「我覺得是因人而異。」

教練輕笑並搖了搖頭，「不，每個人的原因都一樣。感覺上不一樣、看起來不一樣、表達方式也不一樣，但實際上是一樣的，而這個原因也很簡單。妳進入商業界是為了要將世界向前推進。」

吉莉安看向他，「就這樣？」

「就這樣。為了讓這個世界更好；為了改進人類生活；為地球留下一個比現在更聰明、更友善、更富有、更完整的地方；為了創造『價值』。而實行方法就是分享妳的所知、所有，以及所接受過的一切。所有的商業行為，無論每一個生意人記不記得，都是表達感激的一種方式。伊莉莎白的說法非常完美，**感激是所有空前成功的關鍵祕密**。」

他們繼續向前走。

「妳記得我說過的，運動及做生意之間的差別嗎？」

吉莉安記得。「在運動中獲勝的關鍵在於競爭，生意上獲勝的關鍵則在於合作。」

他讚揚地看著她，「記憶力真好，但這並不全然正確。在所有事情中獲勝的關鍵都在於合作。

「再來一個棒球問題，妳知道王貞治嗎？」吉莉安搖搖頭，從來沒聽過。「日本棒球明星，活躍於一九七〇年代的日本職業棒球聯盟，持有生涯全壘打數的世界紀錄——是世界紀錄喔！妳知道他是怎麼評論對方球隊的投手嗎？『他們是我打出全壘打的好夥伴。』

「妳在了解王貞治所知道的東西後，也就能了解純粹勝利的意義，這時勝利也會自然而然地來到妳身邊。」

隨著腳步抵達車旁，他們也停了下來。

「祝妳今天好運。」他說，「妳會做得很好的。」他轉頭，開始踏步離開。

「等等，」吉莉安說。「大拇指是什麼？」

「嗯？」

「你告訴我你能用一隻手的手指頭數出你對商業獲勝策略所知的一切。」她舉起她的右手，並伸出食指。「第一，你說的是呼吸。」她繼續以手指計算。「第二：傾聽、第三：微笑、第四：保持優雅。但是四隻手指頭無法握住球棒，也無法丟橄欖球，更別說是握手談成生意了。所以，大拇指代表的是什麼？」

他抬起頭，接著慢慢點了點頭。「聰明的孩子。」他向後退了幾步，繼續點著頭，接著又繼續往果汁廚房的方向走，一邊轉頭越過肩膀大喊：「妳會自己領悟的。」

她看著他逐漸消失的身影，突然感覺一陣驚慌。「等等！」她大喊，他停下腳步，並回頭看她。「要怎麼做？到底要怎麼做才能領悟？」

他朝著她的方向伸出一隻手，五根手指頭都張開了。這讓她想起第一次見面時，他在辦公室中做出的奇異手勢，他那時也在兩人之間的辦公桌上張開了手。

「信任。」他回喊，接著轉頭離開。

※

傑克森在星期五早上抵達瑞秋的知名咖啡，朝著角落的咖啡桌走，卻在桌前停下腳步——那裡沒有人。

過了一會兒，一位服務生來到他的桌前，拿著一個大餐盤。是荷莉，也是他星期一早上在這裡遇見的第一個人。「法官託我表達歉意，」荷莉說，「她說她突然有急事，今天沒辦法過來。」

傑克森在位子坐下，心也同時往下沉。若是沒有第五項條款，剩下的合約內容會變得既無效又空洞，他本來還盼望韓蕭法官的最後一點智慧能夠有辦法拯救他。

「她要我在你進來時替你端上這個。」

荷莉放下餐盤，拿起一盤熱騰騰的蜜桃鬆餅，上面滴著純正楓糖漿和法式香草鮮奶油，放在傑克森面前。

傑克森看了盤子一會，然後又看著荷莉，接著又看向盤子，開始笑了起來。她也輕聲笑著，雖然不知道他們在笑什麼，但她十分樂意一同歡笑。

「謝謝妳。」傑克森說。

荷莉微笑，「我的榮幸。」

荷莉也在他桌上放了一只花瓶，裡面插著一朵白玫瑰，同時也附有一個小信封，上面以書法字寫著：

給傑克森

他拿下信封並打開，裡面滑出一張小卡：

有時候你只需要去信任，

然後吃點鬆餅。

他為這張卡片整整困惑了一分鐘。最後，他將卡片放回信封中，並將信封放進口袋。他開始吃東西，一邊思考自己為什麼要坐在這裡吃一大盤的鬆餅。

而他不得不承認，鬆餅真的很好吃。當他吃下最後一口時（他想，這大概是這星期以來他完整吃下的第一餐），突然感到一股神祕的冷靜感。

他不知道為什麼，也不知道自己怎麼辦到的，但他已經準備好開這場會了。

13 第五項條款

傑克森・希爾看起來……他看起來不一樣了。

不一樣？怎麼會？米拉貝爾說不出來。他看起來更為沉著，更為……心神安定，就像因為擁有信念而沉穩從容。

「你可以進去了，希爾先生，瓦特斯小姐正在等你。」

「謝謝妳，米拉貝爾。」他說。

當他經過她的辦公桌時，她自言自語道：「希望一切順利。」

傑克森停下腳步看向她，「謝謝妳，米拉貝爾，」他再次說，「我也希望如此。」

吉莉安感到十分慌張。她試著專注於實行這次會議的計畫，她花費整整一個小時準備，但是思緒一直飄回馬文和布太太服務那些小小國王和皇后的畫面……還有王貞治，她一回到辦公室立刻上網搜尋他的照片。好像瞪著電腦螢幕上他的照片，就能了解教練對她說過的話一樣。

妳在了解王貞治所知道的東西後，也就能了解純粹勝利的意義。

她將這些思緒撇開。

喔，她是可以深呼吸，好嗎？她也可以傾聽、微笑，甚至保持優雅，但她也可以聰明地做點功課，而她也認真完成了，這次會議想獲得她要的結果簡直易如反掌。

那她為什麼還會感到慌張呢？

傑克森坐了下來，再次看了一眼瓦特斯小姐桌上的照片。

「她很漂亮。」他說。

「喔，」瓦特斯小姐說，「謝謝你。」

傑克森看向她，接著又看了照片一眼，又回來看她，他不動聲色地說：「那個小孩也很可愛。」

他們短暫地互望，接著雙方都笑了出來。

「我真不敢相信你會這樣說。」瓦特斯小姐喘了口氣，抹去眼角笑出來的眼淚。

「我也不敢相信。」傑克森微笑著說。

他們看著彼此。「好吧，」她說，「我們何不開始切入正題？」

他點頭，「當然，開始吧。」

吉莉安覺得心臟快要跳出來了。他看起來十分冷靜，這讓她不知所措。控制自己，吉莉安，她對自己說。眼光放在獎勵上，想像手上握著簽約合同，而且不是下個月，也不是下禮拜，就是今天。

「過去幾天以來，我花了很多時間在這上面。」她開始說話。

吉莉安有件祕密武器——事實上，有兩件。

高層辦公室裡有人挖出了一項有趣的消息。「看來我們傑克森小子和他銀行之間的關係岌岌可危。」那個人說，「銀行即將要終止計畫了，而所謂的『即將』，事實上指的就是『今天』要關閉他的公司，拔掉維生系統、拋棄這艘船，在屋前草地上釘上『出售』招牌。」他說這句話的同時，她幾乎能看到他流下來的口水。

這是第一件。第二件則是，她終於找到辦法讓高層同意她為傑克森的廚房背書，雖然必須「嚴格」（真正的意思是「苛刻」）控管他在這幾近簡陋的計畫上所花的預算，但無論如何，同意就是同意了。她在過程中堅持不懈的態度，可能也折損了她在副總裁眼裡的價值，不過她希望這一切都是值得的。

「最重要的是，」她說，「我相信我們能夠替你所提議的背書提供一些幫助。雖然為了你的生產設備，可能必須附加一些你不太喜歡的條件，但起碼能夠達成目的。」

傑克森看起來既驚訝又深受感動，但他只說了一聲：「哇！」

「還有獨家經銷權的問題，」她繼續說道，「這可能是個難纏的點，但我有些想法，或許我們能夠互相討論，彼此妥協。」

按目前的發展應該能夠成功，吉莉安有點難以置信，但看起來是真的。他需要她所擁有的，而她「擁有」她所擁有的，這個案子贏定了。無論希爾先生會反對什麼條件，她知道那些都不重要，因為她已勝券在握，不是嗎？再說，這也是正確的選擇，不僅對她而言是如此，對他們兩人都是。

對嗎？

但他看起來並不像個要開戰的人……一點都不像。

傑克森很清楚，她感覺勝券在握……但同時也有點沒有把握。他不知道自己是怎麼知道的，但就是感受到了。他覺得自己的思緒抽離，飛到了她那裡，很明顯，她正面臨危機。

不過，也不表示他自己就沒有危機要面對。

「這樣很好，瓦特斯小姐。」他說，接著停了下來，不確定要說什麼。

「吉莉安。」她說。

「妳說什麼？」

「請叫我吉莉安。」

傑克森慢慢地點了點頭。「好。事情是這樣的……吉莉安，目前看來我有兩個選擇，一個是遵從妳的條件和貴公司努力協調整理出來的方向；另一個是堅持己見，並冒著失去一切、失去大好機會的風險。過去一個禮拜以來，只要我醒著，我都不斷在思考如何要讓這筆生意成交。整個禮拜以來，我都對自己說：無論他們開出什麼條件都要同意，你『必須』拿下這筆合約。」

他又短暫地停頓了一下。「但或許這不是正確的目標。」

他搖了搖頭，既長且緩。

「我無法供應全國規模的銷售服務，目前還不行，我還沒準備好。」他看向她。「而我也無法同意給出任何形式的獨家經銷權，我真的不願意這樣做。」

當傑克森口中一飄出這些話，他不禁想著吉莉安．瓦特斯是否會認為他在欲擒故縱，因為他剛剛說的一切聽起來的確很像抽身而退策略的說法。

然而，事實並非如此。

有那麼一秒鐘，吉莉安心中確實想著：他在裝腔作勢！他一定是在裝腔作勢！但她馬上就否定了這個想法；他是認真的，她看得出來，感覺得出來。這不是任何一種策略、故弄玄虛的手法或是談判技巧，他並沒有試著要贏。

他是真的要放手。

你現在擁有什麼東西，是你喜歡的？這個嘛，他有索羅門、沃特、基斯和莉莉，以及他所有其他朋友。

為你想要的東西而奮鬥，沃特這樣說過：你是正確的。但傑克森不覺得自己在奮鬥，而正確與否似乎也不再重要，就算這代表他必須退出交易，回去當那個只能在自己廚房做出全世界最棒寵物食品的人也沒關係。

「只是……」他開頭，又停下來。「對不起，在這時候，我想我只能放手了。」

我只能放手了。隨著他的話語在她心中迴盪，她也看到自己的未來隨之幻滅：沒有簽好的合約，沒有可以一爭資深副總裁的本錢，沒有升遷，沒有高層辦公室。

但是，等等！她口袋中還握有他的銀行貸款這項武器，她大可以拿出來在他前面晃蕩。「我有兩個選項。」他這樣說過而且也說得很對，眼前只有兩個選項，而她的選項是正確的。她知道他束手無策，她可以強調這一點，強調若是願意跟他們公司簽約，可以替傑克森帶來什麼樣的好處，告訴他這才是「正確」的道路——也是他「唯一」的選項。如此一來他可能就會投降了，她十分確定，這樣雙方能想出妥協的辦法來。

妥協。

教練說過：在拉丁文中，這代表沒有人獲得真正想要的東西。

傑克森站起來並伸出手，冷靜而堅定地與她握了握。「妳為了我費盡心力，我十分感激。我真的很高興幾乎能跟妳做成生意，吉莉安。」

在他走到門口時，吉莉安．瓦特斯找回了她的聲音。「希爾先生！」她大喊。

「請叫我傑克森。」

「好，當然。對不起，傑克森。」她現在也站起身來，從辦公桌後走出來並和他面對面。

「傑克森，我只是在想……」吉莉安停了下來，她的思緒在一秒內轉了十萬八千里。她瘋了嗎？一旦她走上這條路，就無法回頭了。

「我只是在想，」她重複道。「可以麻煩你在米拉貝爾那裡的接待室稍等一、兩分鐘嗎？讓我有時間打個電話？」

他困惑地看著她。

「我只是在想，」她說，「或許我們能有第三個選擇。」

※

接下來一整天有如旋風一般。教練的朋友伊莉莎白女士可說是言出必行，即使是接到這麼突然的請求，為了出些力來幫助動物（也是她口中「貼心又甜美的生物們」），她依然十分樂意和吉莉安以及陪同而來的年輕男子見上一面。

在看到伊莉莎白．布許奈爾的簽名後，傑克森的銀行態度立刻變得非常客氣。延遲貸款？當然沒問題！或是您需要更為優渥的條款？銀行保證會深入研究，再提供給傑克森。

站在銀行外，當傑克森替伊莉莎白招呼計程車時，吉莉安轉向伊莉莎白並說：「這一切都非常完美。傑克森從來不想在生意面上握有主控權，而這正是我喜歡的部分。他想要的是能夠系統化商品，並持續和客戶接觸。」

伊莉莎白對她微笑，「這是個很漂亮的解決辦法，最好的辦法都是這樣的。」

吉莉安不知道怎麼將思緒化為言語。「我……我不知道該如何表達我的謝意，布許奈爾太太。」

伊莉莎白拍拍她的手並說：「妳剛剛就做到了，親愛的。」她把鼻梁上的眼鏡往上推，透過鏡片看著吉莉安，給了一個淺淺的笑容，若不細看，可能就會錯過。「妳何不稱呼我為伊莉阿姨呢？所有親近的朋友都這樣叫我。」

星期五下午四點五十五分，吉莉安在史密斯與班克斯公司中遞出了辭呈。事實上，她直接把辭呈交給了經銷資深副總裁本人，面對下屬竟然會在他隆重的離別儀式前離開，他震驚到什麼話都說不出來，只能擠出一個毫不隆重的字眼：「嗯？」

「祝你好運，先生。」吉莉安說。「我十分感激在這裡所學到的一切。」

她解釋道，自己收到了一個無法拒絕的工作機會，也就是與傑克森．希爾和伊莉莎白．布許奈爾一起合作的機會。從今天開始，她就是毛茸茸天使有限公司的執行合夥人。

對吉莉安來說，雖然整個下午有如萬花筒般令人眼花撩亂，也十分難忘，但最令人訝異的是，那一整天之中有個特別的時刻，在她當晚入睡前仍有如電流般流竄過全身，讓她覺得能銘記一輩子的時刻。

當他們站在銀行外面，等著傑克森攔下計程車時，伊莉莎白．布許奈爾轉向她並說：「妳知道嗎？妳讓我想到我自己，當然是多年以前的我。」

這就是我嗎？吉莉安想，三十年後的我？

她想不到比這更美好的未來了。

※

當晚，傑克森幾乎是暈倒在床上的。這一天十分漫長，從各方面來說，都既盛大又成功，可說是他生命中最棒的一天；但也十分漫長，讓他精疲力盡。

索羅門跳到傑克森床上，在左側趴下並縮成一團，深深發出「呼」的一聲。

「怎麼樣，伙計？你覺得自己今晚能睡在這裡？」

索羅門什麼都沒說，只是挪動自己的身軀，直到緊靠傑克森的身體為止。

傑克森輕聲笑了。「我有預感，我們其中一個今晚沒辦法好好睡覺了。」

索羅門把下顎放在牠的爪子上，並看著傑克森。

傑克森把燈關掉，靜靜躺著，儘管十分疲累，卻睡不著。他回想今天所發生的一切，想著今早坐在瑞秋的知名咖啡店裡，吃著他的蜜桃鬆餅。

換個面向思考，絕對有所幫助。

他坐起身來，再次將檯燈打開，拿起他穿了整天的輕夾克並拿出法官留給他的信，他再次將卡片從信封中拿出，並翻到背面。

另外一面也有訊息，上面寫著：

親愛的傑克森：

我從未告訴你的第五項條款就是：

放棄堅持正確的立場。

但我猜你早就知道了。

瑟莉亞．韓蕭

「有時候，你得放棄堅持正確的立場。」他大聲說道，「還有要吃鬆餅。」他無聲地笑了一陣，然後把卡片放在床頭櫃上，再度把燈關掉，並翻身躺下。

三十秒內，他就睡著了。

「汪！」索羅門說。

14 舉杯慶祝

留著赫本頭的高䠷女人微笑著看向桌子對面。她很喜歡這間伊阿費瑞特餐廳，在她心目中，是市區內最美味的餐廳。

「我也是。」對面坐著的男人說，一如往常地讀著她的心思。「雖然我也很喜愛在家中和太太一起煮的餐點。」他補充道。

「普通水還是氣泡水？」侍者無聲無息地出現在桌邊，拿著兩只瓶子，準備倒水。

「請給我氣泡水。」女人回答，「謝謝你，馬可。教練則是要普通水。」

「好。」年輕男子說，手上已經在倒水，「不客氣。」他再次點點頭，又無聲地消失。

她轉向她的同伴，「要乾杯嗎，韓蕭教練？」

「我們要慶祝什麼呢，韓蕭法官？」

「這個禮拜來諮商的年輕男子，我想他已經為自己的難題找到滿意的解決方法。你也可以說，他正邁向勝利的道路。」

「說得好！」他說，「敬這位年輕男子。」他看著她，從座位上起身，越過桌子親吻她，再坐回去。「也敬一位年輕女子和她的女兒，以及生命即將被他們改變的那些『貼心又甜美的生物』，還有人生受到這些小天使祝福的人們——就像歌手小提姆所說的，上帝保佑我們每一個人。」

女人也舉起水杯慶祝，「敬全天下的貓狗。」

她的丈夫點點頭。「毛茸茸的天使們。」他也舉起了手中水杯，「敬吉莉安・瓦特斯和傑克森・希爾，以及他們無數的毛小孩。」

「還有他們的贊助人……」

「沒錯，」他同意，「敬布太太，我們摯愛的伊莉阿姨。」

「以及賓達，」他妻子說，「別忘了賓達。」

男人再次舉起了玻璃杯。「沒錯，可別忘了。」

他們輕輕敲了敲酒杯，並齊聲說道：

「敬賓達。」

真誠影響力的五個祕密

1. 呼吸：掌控你的情緒。
2. 傾聽：站在對方立場思考。
3. 微笑：設立框架。
4. 姿態優雅：以圓滑而富有同理心的方式溝通。
5. 信任：放棄堅持正確的立場。

1. 掌控你的情緒

呼吸，把你的情緒放到一旁。你還是可以擁有情緒，甚至也不需要改變，只要先將情緒暫時放在旁邊就好。別讓情緒掌握方向盤，讓理性判斷坐上駕駛座，情緒則坐在乘客席。

重新訓練自己在不受情緒干擾的情況下，對衝突與爭執做出反應，讓冷靜成為你的預設反應。

2. 站在對方立場思考

傾聽，拋開你自己的思緒，站在對方的立場思考，透過他們的眼光來看這個世界。試著努力了解對方背景，他們又冒著什麼樣的風險。

用你的後頸認真傾聽。

3. 設立框架

微笑，採取主動以建立互動的節奏及脈絡。設立對話框架的人，也就掌握了整場對話行進的方向和節奏。

4. 以圓滑而富有同理心的方式溝通

姿態優雅，讓自己感受對方的感受，並對此真誠地發言，同時也要帶著惻隱之心。

無論外表看似差異有多大，也無論彼此的立場是否有所不同，要記得他們是座鐘，而你是一枝調音叉。

5. 放棄堅持正確的立場

信任，若是你相信自己的論點是正確的，而對方是錯誤的，你們就沒有機會找到真正令人滿意的解決方法。有時候，你必須放手，然後吃點鬆餅。驚喜吧！你或許能找到你放下的東西。

引導討論

我們許多讀者都會在讀書俱樂部、商業讀書會、宗教場所、社區團體或親友聚會中一起討論「給予」系列書籍。以下問題或許能有助於你們進行《真誠，就是你的影響力》一書的討論。

1. 故事一開始，傑克森・希爾和吉莉安・瓦特斯在各自的生活中分別想要什麼？他們最後都有得到所想要的東西嗎？如果沒有，為什麼？如果得到了，又是怎麼得到的？

2. 在閱讀第一章時，你對瓦特斯小姐的印象為何？當你閱讀第二章時，你對她的這份印象有所改觀嗎？如果有，又是如何改變，以及為什麼改變？你有「站在她的立場思考」嗎？隨著故事發展，除了吉莉安之外，你對其他人的印象有明顯改觀嗎？在你私人或工作的場合中，是否曾對某個人一開始的印象和深入了解之後的印象有所改變？

3. 在第一、二章中，隱約有線索顯示傑克森的父親沃特和吉莉安的前夫克雷格可能分別對兩人的商業談判方式有所影響（雖然是負面的）。這些影響如何透過他們的想法或行為展現？是否曾有人這樣影響過你的行為？

4. 在第三章中，傑克森很驚訝他和基斯雖然背景完全不同，卻是非常要好的朋友。你在書中能找到幾個「南轅北轍」的兩個特質放在一起的例子？這對故事有什麼助力，背後隱含的訊息又是什麼？你有這樣「完全不同」的朋友嗎？

5. 在第三章中，基斯對傑克森說他需要學習一些「把戲和技巧」，隔了幾頁之後，沃特就描述了一種這樣的技巧，也就是沃特囊中五條妙計的第一條。這五條妙計分別為：大驚小怪、勇於挑戰、權衡妥協、延遲推緩及抽身而退策略。在故事任一情節中，你是否有注意到傑克森或吉莉安試著使用其中一種手法嗎？結果又是如何？在你的私人生活或工作上，你是否使用過任何類似的「把戲和技巧」，結果又是如何？

6. 在第四章傑克森與法官的通話中，她問他想要追求什麼樣的結果，他解釋了自己的問題，她卻回過頭來，要求他敘述自己真正「想要的」東西：「你熱愛的事物，讓你快樂的事物。」這樣簡單的轉化如何隱喻了整個故事的最終結局？你的故事又是如何，什麼是你熱愛、能讓你感到快樂的？

7. 在第五章初次見面時，教練警告過吉莉安，學習他的獲勝策略後會改變她思考的方式。真的有改變嗎？有的話，又是怎麼改變的？帶來的結果又是什麼？

8. 在第六章中，法官告訴傑克森，「每一場爭論都最先始於你與自己的爭辯」。你能在這一章找到這個概念的例子嗎？在你的生活中又能否找出任何例子？

9. 第六章中，法官宣稱只要將冷靜設定成你的預設反應，你就能「變得更像你」。你覺得這是真的嗎？如果不是，為什麼？如果是，為什麼？又要如何做到？

10. 在第七章中，教練告訴吉莉安：效率高的拳擊手、狙擊手和總裁都一樣，會將精力投注於「傾聽」，而非「行動」（無論是出拳、射擊或是做決策）。這個概念要如何應用在說服力、溝通協商和影響力上？又如何在你的工作上應用？或是你的私人生活中？

11. 沃特第八章中給予傑克森的建議，與同一章中高層辦公室給予吉莉安的命令，有什麼相似之處？他們都建議採取什麼必要立場？你覺得傑克森和吉莉安各自又有什麼反應？

12. 在第九章中，教練引述了一位朋友的說法：「影響力的關鍵在於拉近，而不是推壓。」接著繼續談到「要讓後門保持敞開」。為什麼讓後門保持敞開和「拉近，而非推壓」有關？你能找出生活中有什麼情況是有人為你留有後門，或是反而把門關上了呢？在任一狀況中，能否舉例你的反應呢？

13. 在第九章中，法官說：「設立對話框架的人，也就掌握了整場對話行進的方向和節奏。」請一幕幕複習本書中的每個場景，你能看出每個場景中設立框架的是誰嗎？他們又是如何做到的？

14. 第十章中的會議結果並不是那麼理想。你能說出這場會議開始脫軌的確切時刻嗎？在這些時刻，又是什麼地方出了錯？為什麼？雙方在某些事情上是否能有不同作法？他們為什麼沒有這樣做呢？

15. 在第十一章中，法官說：「同理心是決定成功與否的最大關鍵。不僅要擁有同理心，還要能夠傳達出去。」你認為這是真的嗎？為什麼是，或者為什麼不是？在同一章中，教練引述了布太太的話，說感激是所有「空前成功」的關鍵祕密。你認為這是真的嗎？為什麼是，或者為什麼不是？想著一個你認為最成功的人，你有在他身上看到特別明顯的同理心和／或感激態度嗎？你又會如何評估你自身的同理心與感激程度？

16. 在第十二章中，教練說：「如果知道自己為什麼參加比賽，那就算輸了比賽，也是贏了。若是忘記自己為什麼比賽，那就算贏了比賽，也是輸了。」你覺得這有道理嗎？有的話，為什麼？你可以在生命中找出這兩種情況的例子嗎？

17. 比較傑克森和吉莉安在第一章的初次會面與第十三章的會議，你可以說出後者呼應前者的部分，以及相反的部分？在中間臨時會議中，又有什麼改變？

18. 你認為英文書名中的「意見領袖」（influencer）是書中的誰？為什麼？你可以說出不同答案，每一個都有其合理的理由。還有一個有趣的思考方向：是否可能有一個人的影響力貫徹整個故事，但傑克森和吉莉安卻從未見過，甚至是從未在書中出現（至少不是本人親自出場）？這些會讓我們不禁思考影響力的本質以及影響力傳播的原因，更進一步帶出了另一個問題：你覺得自己是否曾在從未見過對方的情況下，影響過別人呢？

作者問答

Q：是什麼原因讓你們想要寫這本書？

A：在十年前《給予的力量》一書出版之後，我們又繼續合作了兩本分別將「給予」應用在銷售和領導力書籍，而且過程十分愉快，於是自然而然我們就會想問：「下一步要做什麼？」

「影響力」這個主題在所有系列書籍中扮演了關鍵的角色（在鮑伯的個人著作《這樣說話，敵人也能變盟友》中也是如此）。對我們而言，在這個極端分裂的時代，似乎能夠藉由採用「給予」系列的核心方法探討影響力、公民論述及不同的思考角度，進而為大眾帶來一些幫助。

Q：在《給予的力量》以及《給予的領袖力》兩本書中，都只有一個主角和一位導師，但在此書中，卻有兩對主角和導師的組合，為什麼呢？

A：《真誠，就是你的影響力》的核心在於努力看見並了解對方立場的重要性——無論對方立場和我們有多不一樣。所以我們的「主人翁」不會只有一個人，也不會只有一種情境、一種體驗，以及單一觀點，而是兩個完全不同的人，自然也就演變為兩位導師及兩套原則的概念；兩者有所差異，卻能互補。

這本書的主題是將差異之處、甚至是對立的觀點帶到一起，產生和諧而有價值的合作，兩者合成為有效的一體。因此在最後，傑克森和吉莉安一起翻山越嶺後，成為了商業合作夥伴，我們也看到兩位導師共進晚餐（他們竟然是夫妻），甚至連兩套原則（教練的五個祕密與法官的五項條款）也能合而為一套和諧的原則。

Q：法官將她的原則稱之為「自然協商」，而故事本身是在為期一個禮拜內所進行的商業協商過程。你們會稱之為如何成為「給予協商者」的一周特訓嗎？

A：會，也不會。事實上，我們有想過用《給予協商者》當書名，這裡的原則幾乎都能夠應用在協商的情境中，無論是商業協商、孩子試著說服父母幫自己買想要的東西，還是兩個國家試圖解決國際問題都可以。

但我們最後沒有這樣取名，有兩個原因。首先，我們不想將本書所傳達的訊息侷限在解決衝突情境中，因為真誠影響力原則涵蓋範圍更為廣闊，能應用在不同層面上。第二，「協商」（negotiate）一詞在本質上就帶有負面意義。英文是來自於字根 nego，意思是「缺乏或否認」，而字尾 otium 的意思是「悠閒、無聊、浪費時間」（否認悠閒＝勤奮＝商業……你可以看得出來這是怎麼演變的）。不是說這個詞不好，這是個很好的詞語，我們只是不想在書名上使用。

現在，「協商」一詞已經成了隱含狹隘、尖銳甚至是殘酷意思的詞語：為了達到你的目的，通常會使用策略或話術之類的把戲，在爭鬥中擊敗對手。所以我們想要走上另一條道路，以「賓達悖論」為基礎的道路：給予得越多，就擁有越多。這是一個能夠達成目的，同時還能改變世界的方式，對我們而言，敘述這條道路的最佳詞語，就是「影響力」。

Q：在第五章中，教練對於妥協一事有著相當負面的看法。妥協難道不是一件好事嗎？

A：是，也不是。就某些方面而言，優雅地做出妥協有其必要性；無論是商業或私人關係，沒有任何關係可以在所有參與者毫不退讓，且無法容忍對方的情況下，還能長久維持。畢竟妥協這個詞代表的是「一起做出承諾」。

問題在於，在採用「妥協」的概念作為獲得最少抵抗的道路時，你其實是在向後撤退，最終獲得的絕不是成果豐碩的解決方法。教練所提到的這種「妥協」，雙方是出於無力感而放棄達成自己的真實目的；既然雙方都看不到通往真正雙贏的道路，就同意妥協於類似雙輸的結果。

「大家一起放棄」的這種妥協方式，最經典的例子就是所羅門王仲裁兩個女人之間爭吵的故事。她們都聲稱同一個寶寶為自己「所有」，故事情節無須贅述，最後所羅門王判斷出哪個女人才是真正的母親，她們也不需要服從他所提議的「妥協方式」，而這正是他計謀的重點。然而，現代許多離婚案件、企業併購或是法律案件都缺乏所羅門王的智慧，最終將寶寶鋸成兩半，沒有人獲勝。

最糟糕的妥協，是你出於便宜行事或其他有違倫理的考量，在基本原則上做出了妥協（誠實、正直、忠誠、真實、家庭等）。

Q：當教練說「操縱人心或許有時候可以贏得比賽，卻不會永遠獲勝」時，吉莉安說：「我完全不了解這是什麼意思。」我完全認同吉莉安！這句話到底是什麼意思？

A：人們有時候會透過操弄人心來獲得想要的東西，就像有可能靠作弊獲勝一樣。教練的意思是，雖然這種方式可能在短期內有效（而且我們強調的是「可能」，因為通常不會成功，操弄人心往往會不如預期地失敗），卻無法提供長久或讓人深感滿意的勝利。大家常說某某罪犯得不償失，而操弄人心的後果也是如此。沒錯，壞人或許能逃過法律的制裁，卻往往需要付出巨大的代價，這無論對受害者或犯案者來說都一樣。

我們或者可以這樣看：你或許能透過操弄人心來贏得爭辯或拿下生意，但代價是什麼？吉莉安或許可以強迫傑克森簽下史密斯與班克斯強人所難的合約，但她如果真的這樣做了，他們兩人現在又會是什麼模樣？

Q：當法官告訴傑克森，他必須「把情緒放到一旁」，這樣難道不會顯得虛偽嗎？我們不是應該誠實面對自己的感覺，無論何時都該做最真實的自己？

A：我們不是要你壓抑或否認你的感覺，完全不是。我們要說的只是別讓情感控制了你的決策和行為。沒錯，你的感覺是你很重要的一部分，但它不是真正的你——至少不是「全部」的你，甚至也不是最能夠信任或最真實的你。

感覺和情緒可能會極度反覆無常；換句話說，它們會快速變動，且無法預測。並不是說它們就不真實或是不重要，它們很真實也很重要，但不是控制你行為的最佳憑藉。那什麼才是呢？就是法官所說的「理性判斷」。

相反的情況也說得通：若不先諮詢過自己的感覺就直接使用理性和邏輯，也可能造成災難。因為你的情緒能夠洩漏線索，告訴你自身的直覺反應為何。所以不妨將感覺當成董事會，而理性判斷則是你的總裁，在做出每個重大決策前，你會想先行諮詢董事會，但總裁必須是最終做出決定的人。

Q：教練在第七章中說「以你的後頸傾聽」，那是什麼意思？

A：在我們解釋前想先送你一句話：「你可以自己試試看！下次聽別人說話時，開始想像自己正在用後頸傾聽。」一開始，這是個很奇怪但也很有趣的體驗，好像你不僅只用耳朵去傾聽，還用了血管、神經纖維以及身上所有細胞，這也是你實際上在做的事。

這個說法類似於「聽懂言外之意」這種表達方式，字面上看起來毫無道理（畢竟「言外」怎麼會有東西呢），事實上卻又有其道理。你不是只在傾聽著某人說了什麼，也聽到了他們沒說的話，他們真正的意思，以及藏在話語及臉部表情後面的感受。聽起來很像心電感應，但其實就是同理心。

Q：法官提到「站在對方立場思考」，這也是你們的五大原則之一。這句話聽來好像很簡單，但要怎麼真正做到？

A：你說得沒錯，這其實是個很大的隱喻，雖然容易記憶背誦，卻又不像聽上去那樣容易實行。萬一對方的鞋子尺寸跟你的不一樣怎麼辦？你不就沒辦法「站在」對方的鞋上了（**譯註：「站在對方立場思考」的英文為** step into their shoes，**逐字解釋為「站在對方的鞋子上」**）！

這是個好問題，因為你也不想光說不練。點點頭說「我了解你的意思」或是「我知道你正在經歷什麼事」很簡單，但你說的是真的嗎？每個人都是獨一無二的，大多數時候，我們「無法」真正得知對方正在經歷什麼事。從某個意義上來說，想要真正站在對方立場上思考是不可能的事。

但我們還是可以嘗試；即使我們無法百分之百代入對方的立場，還是可以盡可能地靠近，做出關鍵改變。正如同法官所說的，你和對方都是平凡人，你可以和「每一個人」產生共鳴，無論雙方外表看似有多不一樣。

Q：法官談到「設立框架」，但是這跟操弄人心不是幾乎一樣的事嗎？

A：這端看你內心是怎麼想的，尤其是設立框架的人心中的誠意和動機。（就像韓蕭法官所說的：「你必須是真心的。」）

舉例來說，看看吉莉安在第一章時如何設立了框架，當法官在第九章對之進行分析時，我們就了解到她是如何高明地做到了這點。以這個角度來說，她的手法確實非常像是操弄人心。後來比對法官在第九章中描述的林肯軼事，其中的差異在於，林肯是抱持完全誠懇的態度。如果你檢視吉莉安在第一章中的行為舉止，會看出來她的心態並非如此，她只是在裝腔作勢以佔得上風。

我們可以再看看第十章時，吉莉安如何在臨時會議中設立框架，這一次她是非常真摯而真誠，所以設立的框架本質也完全不一樣。諷刺的是，反倒是傑克森在這裡以相當不真誠的方式重設了框架，造成了十足災難性的後果。

最後，不妨看看第十三章中傑克森是如何在第三次會面中設立了框架。他真誠嗎？真摯嗎？有效嗎？

Q：後面提到「放棄堅持正確的立場」時，聽起來好像是對自己的信念不堅定，或是顯得優柔寡斷。要是你「真的」是正確的又該怎麼？

A：我們並不是要建議你減弱自己的堅定信念，而是要你深呼吸，相信會有更好的結果。你先建立一個前提，相信會有皆大歡喜的結果。你相信自己是正確的，你也或許真的是正確的——也可能完全錯誤，或是不完全正確，並非所有人都能不犯錯或是能未卜先知。但為了溝通，請先將信念暫時放在一邊。

就好像先將情緒放在一邊一樣，不是要放棄，也不是要減弱，只是將它放到乘客席上。然後這時你要把什麼放到駕駛座上？就是同理心、技巧和信任，你要相信會有一個皆大歡喜的結果。

我們不是在說你是錯的，也相信你是正確的。我們只是要說，不要過於緊張地緊抓住「堅持自己的正確性」這點不放。

緊抓住堅持自己的正確性這點不放會有兩個問題。

第一，專注於堅持自身立場的正確性，可能會在你和對方之間立起強烈隔閡，阻礙你聽見他們真正的聲音，並認同他們的立場。這樣反而會激起對方的反抗心，降低他們對你（正確的）立場抱持開放態度的可能性。二來，這也可能會阻礙你從對方的話語中獲得可能改變你想法的新觀點，這不盡然是會把你的立場變成「錯的」，而是以某種形式增添或擴增一點東西。

換句話說，專注在你自己的正確性上，可能會阻礙你學習和成長，也幾乎肯定會阻礙你達成締結有力合約、合夥關係及合作的結果。

如同英迪拉．甘地（**譯註：Indira Gandhi，曾任兩屆印度總理，在最後任期期間遇刺身亡，印度近代最為著名及最有爭議的政治人物之一**）說過的名言：你握著的拳頭無法與人握手。

Q：法官的「自然協商」包含了五項條款，而教練的獲勝策略也囊括了五個祕密。這只是為了說故事方便，還是另有原因？

A：我們不太確定，但懷疑他們兩人都直接或間接的從賓達身上學習到他們自己的影響力法則，我們也知道賓達有多喜歡以五項原則來思考。

我們在《給予的力量》一書中將「超級成功的五條法則」描述成「四根手指和一根大拇指」。我們當時寫道：「如果只實行前四條法則，卻不同時運用第五條法則，就有如在使用工具時只用四根手指頭，卻不用大拇指。」（你可以這樣試著拿起鐵鎚、筆或針線看看。）同樣的道理也可以用來敘述《給予的領袖力》中「班的五個傳奇領導力關鍵」和本書中的「真誠影響力的五個祕密」。

在《給予的力量》中，「大拇指」指的是「有效給予的關鍵在於，保持樂意接受」；在《給予的領袖力》中，則是「練習給出領導權」（而非掌握領導權）。在這裡，則是「放棄堅持正確的立場」。

Q：「毛茸茸天使」這個名字是怎麼來的？

A：首先，這是我們兩人對出現在生命的動物夥伴的看法，就像布太太（也就是伊莉阿姨）所說的，牠們是貼心又甜美的生物。但當初要替傑克森的公司找個適合名字並不簡單，我們試了好幾個，沒有一個適合。

在我們寫作本書初稿期間，一位共同朋友發佈了一則文章，說她剛失去陪伴多年的愛犬。約翰也有一隻貼心又忠誠、名叫班的小狗，那一陣子也即將邁向生命終點，所以他留言安慰，並寫到這些陪伴在身旁的毛小孩有多美好，最後加了一句：「牠們是穿著毛皮偽裝的天使。」她回覆：「你說得沒錯，不但是偽裝的天使，還身負任務。」

因此這就成了「毛茸茸天使」的靈感來源。

傑克森的公司當然是虛構的，但是約翰與他太太安娜真的會在廚房裡替小狗煮食物，使用「只有最純粹、只有最新鮮、只有最完美」的食材，我們都覺得那是世界上最棒的狗食。（班和托比都說：「汪！」）

Q：「史密斯與班克斯」這個名字有什麼特殊含意嗎？像前作中也出現過「克雷森—希爾」及「艾倫與奧古斯丁」這樣的公司名？

A：簡單一句話回答的話：「沒有，但我們是故意這樣做的！」

事實上，我們試過好幾十個和「寵物」有關的名字，例如寵物公司、寵物世界、寵物星球到寵物反斗城、寵物戶外用品，甚至是寵物生命等等，都是根據真實公司名稱所改編的！我們發現市面上大概有十億個寵物相關公司或商店名稱。（大家真的很愛他們的寵物！）於是我們重新思考了整個提案。

在《給予的力量》中，主角朱歐的公司是「克雷森—希爾」信託公司，那是以喬治．克雷森（《只用10%的薪水，讓全世界的財富都聽你的》作者）及拿破崙．希爾（《思考致富》作者）所命名的。而在《給予的領袖力》中，椅子製造商「艾倫與奧古斯丁」則是以詹姆士．艾倫（《我的人生思考1：意念的力量》作者）及奧格．曼丁諾（《世界最偉大的推銷員》作者）來命名。

然而，在這個故事中，我們認為吉莉安的公司不需要成為特別激勵人心的地方，雖然還是有像吉莉安和米拉貝爾這樣可愛的人在那裡工作。所以我們想要盡量讓公司名稱顯得普通又毫不起眼，史密斯與班克斯因此而誕生。

Q：你們在《給予的力量》中曾寫道，賓達這個角色是稍微根據《祕密》的作者包柏．普克特寫成的，這本書中還有其他角色也是根據真人真事改編的嗎？

A：有，小波的貓——克莉奧喵特拉。牠其實是根據兩隻真實的貓所寫成的。

許多年前，鮑伯和一隻流浪貓成了朋友，他將牠取名為露伯蒂。吉莉安和克莉奧的漫長追逐過程（第九章中有詳細敘述）正是鮑伯與露伯蒂之間小心翼翼的認識過程。鮑伯之後寫了一篇名為〈露伯蒂這隻貓教會我的事〉的部落格文章，裡面敘述了讓後門保持敞開的重要性，這也成為他最受歡迎的一篇文章。後來露伯蒂終其貓生都和鮑伯住在一起。

約翰則是在大約五歲左右，他家附近出現了一隻飢腸轆轆、飽受驚嚇的流浪貓，是一隻俄羅斯藍貓。約翰家收養了牠，並取名為奇基塔，而牠後來也成為常伴約翰左右的同伴，就像小波和克莉奧一樣。文中敘述克莉奧睡在小波床上的情節和現實中一模一樣，包括每天早上會被貓咪舔成爆炸頭的頭髮。

Q：看到「瑞秋的知名咖啡」出現在書中感覺非常有趣！本書還有其他來自系列前作的元素嗎？

A：很高興看到瑞秋的知名咖啡從十年前成立以來，能夠發展到現在的規模！（或許老讀者也認得出來牆上那些美麗的黑白照片，它們曾出現在《給予的力量》最後一章）。

本書也出現了兩間之前的公司。你可能已經猜到教練辦公室中極為舒適的椅子，正是《給予的領袖力》中「艾倫與奧古斯丁」公司特別製作的——在這裡則被稱為「戴爾街盡頭那家大型傢俱店」，剛好就在伊莉阿姨的早餐廚房旁邊（而戴爾街也是對戴爾．卡內基的致敬）。我們也得在故事結束前短暫拜訪伊阿費瑞特餐廳，畢竟在前兩本書中，這間餐廳可是發生了許多事情。

我們也想方設法讓賓達受託於市中心公園做的大象雕塑出現在故事中；作為人類互動關係的一個譬喻，這個古老的故事似乎越陳越香。

伊莉阿姨當然也第二次出場，她是《給予的領袖力》一書中的導師，而賓達這位開啟整個系列的導師，也不斷出現在本書背景之中，或許有一天我們能再度見到他親自登場。

Q：為什麼索羅門有時候會說「汪」，有時候則什麼都不說？

A：這個問題問得好！在故事中，索羅門總共說了五次「汪」。至於牠為什麼選擇在某些時刻發聲，某些時刻又保持沉默，這裡有個小線索：看看每次索羅門發言前，傑克森說了（或想了）什麼意義重大的話語？

狗兒能讀心嗎？牠們是否擁有古老的智慧？就由你來告訴我們了。

謝辭

任何書都不可能憑空生成或是光靠作者閉門造車，即使點子是先在作者心中萌芽，卻需要許多人的靈感、點子、合作與貢獻，才能從模糊的概念到達出版上市這一步。對我們而言，整個過程中最讓人享受的部分，就是來到能夠說「謝謝你」的這一頁！

我們想要向以下對象致謝：

我們不屈不撓、認真負責的經紀人，瑪格瑞特・麥克布萊德文學經紀公司的瑪格瑞特・麥克布萊德和菲兒・阿欽森。她們從整個「給予」系列誕生時就陪伴在旁，並一路陪著我們走到現在。

企鵝藍燈書屋出版社的 Portfolio 出版團隊，同時也是世界上最好的團隊：智者亞德里安・札克罕、自以為是的威爾（自己人才知道的笑點）、布莉亞・桑德福、莉亞・楚伯斯特、朱利恩・巴貝多、娜塔麗・霍巴赫夫斯基、傑西・瑪耶西羅、塔拉・吉爾布萊德，以及艾麗・漢考克。

我們親切又極為敏銳的試讀者與評論者：吉米・卡拉威、荷莉・卡塔尼亞、丹・克萊門茲、比爾・埃利斯、克莉絲蒂・埃利斯、藍迪・蓋吉、詹姆斯・賈斯提斯、安娜・蓋布莉兒・曼恩、艾比・麥克隆、瑪麗蓮・穆倫、凱西・提傑諾、布魯斯・特克爾和海瑟・威廉森；以及我們逐漸成長的新讀者圈——換句話說，感謝「你們」加入賓達的世界，幫助我們繼續探索賓達悖論：你給予的越多，也就擁有的越多。

感謝對這個故事做出貢獻的特別人士，我們想要感謝：

東蒂・舒馬奇，她所想出的金玉良句：「情緒在過程中很重要，但可別讓它們坐到駕駛座上！」

羅伊・H・威廉斯（又稱為「魔術師」），他在《廣告魔術師的魔術世界》（Magical Worlds of the Wizard of Ads）一書中對於盲人與大象故事有非常棒的評論，我們也在第七章透過韓蕭法官的敘述放到賓達口中（「大部分溝通上的努力，就有如盲人試著說服他人以相同方式看大象一樣徒勞無功。」），還有無可取代的蕭伯納及異常敏銳的作者兼記者威廉・H・懷特，感謝他們幽默地消遣了溝通這件事（「溝通最大的問題就是溝通本身產生的幻象」），讓傑克森也能在第七章引用。這句引述的話來源或有爭議，可能是始於懷特的觀察，和蕭伯納完全沒關係，只是被世人以訛傳訛，但我們認為傑克森即使犯了這個錯也值得被原諒：畢竟從蕭伯納口中說出聽起來比較威風。再說，這句話就算不是出自這個學識淵博的愛爾蘭人，他也很可能說過類似的話！

偉大又產量豐富的作曲家蓋瑞．伯爾，他帶約翰認識了納許維爾的音樂街，也是該城市的娛樂中心，啟發了教練辦公室所在的熱鬧街。

約翰的母親卡洛琳是中學教師，她不只一次以自身經驗說出名言：「孩子，我很了解，但是大人卻讓我搞不懂。」我們讓傑克森在第三章換個方式說出這句話；以及柯特．湯瑪斯，他是約翰父親的指導老師，也是他傳授了教練在第六章中敘述的「呼吸與午睡的重要性」。

麗池卡登酒店那句優雅簡單的「我的榮幸」，成了瑞秋訓練員工所說的話。

貓咪露伯蒂、俄羅斯藍貓奇基塔和小狗班，感謝牠們長久以來的陪伴及熱愛，希望我們都能努力成為值得這股毫無保留愛意的人，就像我們最愛的一張汽車貼紙上說的：「上帝幫助我們成為我們的寵物眼中的模樣。」

國家圖書館出版品預行編目 (CIP) 資料

真誠，就是你的影響力：一開口就收服人心的 5 個雙贏溝通準則 / 鮑伯・伯格 (Bob Burg), 約翰・大衛・曼恩 (John David Mann) 著 ; 張郁笛譯 . -- 初版 . -- 臺北市：遠流，2019.01
面； 公分
譯自 : The go-giver influencer : a little story about a most persuasive idea
ISBN 978-957-32-8418-5 (平裝)
1. 職場成功法
494.35 107021116

真誠，就是你的影響力：
一開口就收服人心的 5 個雙贏溝通準則

作者／鮑伯・伯格、約翰・大衛・曼恩
譯者／張郁笛
總編輯／盧春旭
執行編輯／黃婉華
行銷企畫／鍾湘晴
封面設計／ Ancy PI
內頁排版設計／ Alan Chan

發行人／王榮文
出版發行／遠流出版事業股份有限公司
地址：臺北市南昌路二段 81 號 6 樓
電話：(02) 2392-6899
傳真：(02) 2392-6658
郵撥：0189456-1

著作權顧問／蕭雄淋律師
2019 年 1 月 1 日　初版一刷
新台幣定價 320 元（如有缺頁或破損，請寄回更換）
有著作權・侵害必究 Printed in Taiwan
ISBN 978-957-32-8418-5

The Go-Giver Influencer
© 2018 by Bob Burg and John David Mann
All rights reserved including the right of reproduction in whole or in part in any form.
This edition is published by arrangement with the Portfolio, an imprint of Penguin Publishing Group, a division of Penguin Random House LLC.
Traditional Chinese translation copyright © 2019 by Yuan-liou Publishing Co.,Ltd.

遠流博識網
http://www.ylib.com
E-mail: ylib @ ylib.com